地质实践教学系列教材

地质与地球物理工程原位测试实验

张平松　主编

中国科学技术大学出版社

内 容 简 介

本书是普通高等学校地学类专业实习实训教材,内容共包括 3 篇:第一篇主要介绍岩土力学性质原位测试实验的相关理论方法,包括载荷实验、静力触探实验、圆锥动力触探实验、旁压实验、现场直剪实验以及基坑测斜实验。第二篇主要介绍水文与工程地质钻探实验的相关理论方法,包括立轴式钻机、动力头钻机、转盘式钻机、抽水实验设备。第三篇主要介绍工程物探实验的相关理论方法,如基桩完整性小应变检测、瞬态面波勘探实验及高密度电法勘探实验等 10 类工程物探领域重要实验。

本书可供地质工程、勘查技术与工程以及土木类相关专业的学生学习使用,也可供相关工程技术人员参考。

图书在版编目(CIP)数据

地质与地球物理工程原位测试实验/张平松主编. —合肥:中国科学技术大学出版社,2022.4

ISBN 978-7-312-05319-1

Ⅰ. 地… Ⅱ. 张… Ⅲ. ① 工程地质—原位试验 ② 地球物理勘探—原位试验 Ⅳ. ① P642 ②P631

中国版本图书馆 CIP 数据核字(2021)第 203240 号

地质与地球物理工程原位测试实验

DIZHI YU DIQIU WULI GONGCHENG YUANWEI CESHI SHIYAN

出版	中国科学技术大学出版社
	安徽省合肥市金寨路 96 号,230026
	http://press.ustc.edu.cn
	https://zgkxjsdxcbs.tmall.com
印刷	安徽省瑞隆印务有限公司
发行	中国科学技术大学出版社
开本	710 mm×1000 mm 1/16
印张	12.75
插页	2
字数	267 千
版次	2022 年 4 月第 1 版
印次	2022 年 4 月第 1 次印刷
定价	65.00 元

前　　言

　　随着我国高等教育改革的不断推进,高校人才培养的目标已经转变为培养兼具创新能力和实践能力的高素质人才。工程教育专业认证在教学过程中的体现就在于突出了工程实践能力的启发与培养,把对教学环节考察的重点放在实践教学水平上,主要提出了完善实践教学体系,培养学生实际的工程应用能力。地学类工科专业是一门研究和解决与地质体有关的工程问题的应用学科,是在利用地球的自然环境、物质材料和自然资源等的人类活动中,涉及地质体的评价、处理、改造和控制的科学技术。安徽理工大学地学学科专业历史悠久,前身为淮南矿业学院煤田地质与勘探专业,1996 年通过专业合并调整为地质工程院;2012 年,在地质工程专业物探方向基础上成立勘查技术与工程专业。应对专业认证要求以及社会发展对地学方面人才的需求,在目前的培养计划中,实践教学模块学分数超过总学分的 25%,仅次于公共基础课。实践教学分量的增大,充分体现了地学工科专业"强化基础、注重特色、突出实践"的复合型人才培养特色。

　　为进一步加强地学实践教育教学,2018 年 10 月安徽理工大学在校园内新建面积超过 33000 m² 的原位测试场地以及淮南地区工程地球物理实践教育基地。这些教育实践场所的教学功能涵盖了岩土力学性质原位测试、水文地质工程地质钻探以及地球物理勘探等内容。为更好地指导相关教师实践教学及学生实习,教研组编写了本书。本书主要应对地质工程、勘查技术与工程等专业教学大纲对专业课程实验的基本要求,并在历年编写的相关实验指导书的基础上,结合多年来的地学实验实践教学经验编写而成。

　　全书共分为 3 篇:第一篇为岩土力学性质原位测试实验,该部分包括 6 章,其中第一、第二及第三章由翟晓荣副教授编写,第四章由黄河副教授编写,第五、第六章由鲁海峰教授编写。第二篇介绍水文与工程地质钻探实验,该部分由 4 章组成,由时元玲博士编写。第三篇介绍了工程物探,该部分包括 10 章,其中张平松教授编写了第十一章,胡泽安博士编写了第十二章,付茂如实验师编写了第十三章和第十八章,吴海波副教授编写了第十四章,黄艳辉博士编写了第十五、第十六章,白泽博士编写了第十七章,肖玉林博士编写了第十九章,胡雄武副教授编写了第二十章。全书统稿及校对由张平松教授完成。

本书力求结合所建场地功能、仪器设备和多年的实验教学经验,在实验操作方法的叙述上简明扼要、易于理解、便于掌握。并尽量将实验成果与实际工程运用联系起来,对每项实验的实验目的、实验设备、实验原理、实验步骤、实验数据处理与结果分析、实验要求及注意事项均作了详细介绍,最后列出了主要参考文献。本书在每章之后都列出了思考题,学生可以带着问题学习,加深对课程内容的理解,增强学习的效果。书后的彩图展示了实验场地。本书可供"土工实验""土力学基础实验"和"工程物探实验"等单独设课的实验教学课程使用。

本书在编写过程中得到了安徽理工大学地球与环境学院及有关部门领导和老师的大力支持,同时参阅了国内外学者的大量著作和文献,在此一并表示衷心的感谢。由于编写时间仓促,加之编者水平有限,书中难免会有疏漏和不足之处,恳请同行及读者批评指正。

编　者

2021 年 5 月于安徽理工大学

目　　录

总　　论

安徽理工大学提出了创建"世界一流学科"和"国内一流特色高水平大学"目标,其中建设高水平大学,需要一流人才、一流学科和专业的支撑。对于工科专业人才的培养来说,实践教育及平台建设是关键。因此,做好高水平大学建设背景下实验实践实训平台建设,是专业教育的重中之重,是实现高水平大学建设目标的基石之一。

安徽理工大学地球与环境学院地质学科的历史悠久,实力雄厚,随着学校的快速发展,地学类实验室在实验装备、规模、场地等方面不断更新,而在此之中强化实践实训教育环节落地是关键。学校在新校区建设中,建立了校内原位测试实验场地,重点在岩土力学性质原位测试方面开展载荷实验、静力触探实验、圆锥动力触探实验、旁压实验,设有基坑监测实验平台,可开展土体深层水平位移监测;在水文与工程地质实验方面,建设有钻探工程平台,配置了工程勘察钻机、水文水井钻机、煤矿钻井设备和抽水实验设备,可施工勘察孔与水文孔,进行抽水实验等;在工程物探实验方面,可进行基桩完整性小应变检测,可完成磁法勘探、探地雷达管线探测、高密度电法勘探、跨孔地震波 CT、跨孔电磁波 CT、跨孔电阻率 CT、瞬态面波勘探及重力勘探等实验。

应该说,原位实验场地的建成极大改善了地学及相关学科的教学实践条件,为地质工程、勘查技术与工程以及相关专业的本科生、研究生及教师提供一个完备的实验实践平台,有助于学校高水平大学建设发展。本书的编写将为相关专业学生开展实验提供操作指导,为教师进行实验教学提供必要的支撑。

一、场地地质概况

地学原位综合测试实验区建于淮南市山南新区安徽理工大学校园内。实验区场地位于淮河中游南岸,这一地区属淮河冲洪积平原,区域地貌类型主要包括河漫滩、一级阶地、二级阶地、山前斜地、构造剥蚀丘陵等微地貌单元。实验场地微地貌单元属淮河南岸二级阶地,地面高程为 43~45 m,地势较平坦。

区域地层属于华北地层大区,晋冀鲁豫地层区,徐淮地层分区,淮南地层小区。上覆地层为第四系,下伏地层为白垩系、三叠系、二叠系、石炭系、奥陶系、寒武系、震旦系等。

本区自第三纪以来以隆起为主,第四纪以来为间歇性下降。早更新世受北西西断裂活动的影响,淮河以北的地壳下降,在低洼处见有砂层沉积,淮河以南大面积处于剥蚀状态;晚更新世气候温暖,地壳整体下降,大量的黏土、粉质黏土堆积,厚度在 15 m 以上,冲洪积相沉积遍及全区;全新统地壳下降幅度减缓,现代河流地貌形成,淮河两侧堆积了 1~25 m 的厚松散沉积物。

淮南市属许昌—淮南地震带,该带地震活动的总体特征是地震活动强度弱、频度低。根据《中国地震动参数区划图》(GB18306—2015),实验区位于淮南市田家庵区,实验区地震 50 年超越概率 10% 的地震动峰值加速度为 0.10 g,对应的地震基本烈度为Ⅶ度。

区内地质构造简单。

二、气象、水文

实验区属亚热带半湿润季风气候区。主要气候特征为:春暖多变,夏雨集中,秋高气爽,冬季干冷,季风显著,四季分明。

本区属亚热带半湿润季风气候区,季节性明显,年平均温度为 15.2~15.3℃,极端最高气温 41.4℃(1959 年 8 月 24 日),极端最低气温为 - 21.7℃(1969 年 1 月 31 日),一年中夏季高温(7 月份),平均气温为 28~28.4℃;冬季低温(1 月份),平均气温在 1.2℃左右。

风向一般春夏季节多为东南风、东风,冬季多为东北及西北风,风力一般 2~4 级,最大风力 8~9 级。平均风速为 3.18 m/s,最大风速为 20 m/s。

降雨量的时空分布不均,最大年降雨量为 1556 mm,最小年降雨量为 413 mm,雨量分布不均。年内 7~8 月的降雨量占全年的 40% 左右。另据淮南矿区的资料,最大月降雨量为 462.1 mm(1991 年 6 月),最大日降雨量为 218.7 mm(1991 年 6 月 14 日),最大小时暴雨量为 77.5 mm。全年蒸发量为 1400~1600 mm。

霜期为 91~174 天,最长连续 13 天;降雪期为 54~127 天,最长连续降雪 6 天,日最大积雪深度为 160 mm,最大冻结深度为 30 cm,冰期一般为 7~15 cm,消融期 1~28 天,详见图 0.1。

实验区属淮河水系,淮河自西向东流经淮南,淮河淮南段长 81 km,流经市区 67 km,河道宽 400 m,枯水期 250~300 m,丰水期 400~800 m,水域面积 21.5 km²。1949 年以来最高水位 24.4 m(2003 年),次高水位 24.03 m(1954 年 7 月 27 日),最低水位 12.36 m(1953 年)。建蚌埠闸后最低水位为 15.13 m,年平均流量 813 m³/s,最大流量 12 700 m³/s(1954 年 7 月 25 日),最小流量 0.5 m³/s(1978 年)。实验区范围内地表水体主要为人工水塘及排水沟、渠。

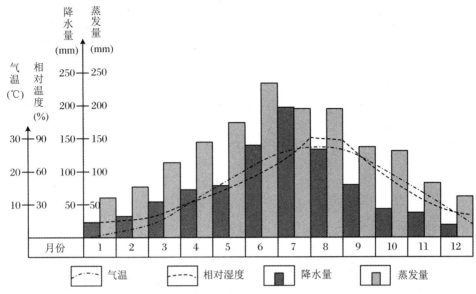

图 0.1　淮南市多年月平均气象要素图

三、地基岩(土)层特征

从钻孔揭示的岩土层分布情况可知,场地内 30 m 以浅主要分布两大类工程地质体,即上覆第四系松散沉积物与下伏白垩系张桥组泥质粉砂岩层。上部松散土体除第 1 层杂填土为人为成因外,其余各土层均为碎屑堆积,冲、洪积成因。现将场地内各岩(土)层分布情况、厚度变化及物质组成等情况分述如下:

第 1 层,杂填土,厚约 1 m,灰~灰黄色,主要为黏性土回填,局部含较多碎石,含大量植物根茎。该层土成分混杂,工程性质变化大,均匀性差,工程性能差。

第 2 层,粉质黏土,厚约 2 m,主要为黄褐稍灰色,稍湿,可塑状,有植物根茎和根孔,内含少量钙质结核,见黄色粉土颗粒分布,含有机质,切面较光滑,稍有光泽度,韧性一般,无摇震反应,干强度中等。综合评价该层土结构性一般,承载力较高,为中等压缩性土。

第 3 层,黏土,厚约 15 m,主要为褐黄-褐棕黄色,稍湿,硬塑状,内含少量铁锰结核及其氧化物,有黄色粉土颗粒分布,含有机质,见灰色絮状胶体,切面较光滑,光泽度稍好,韧性较高,无摇震反应,干强度较高。综合评价该层土结构性好,承载力高,为中等偏低压缩性土。

第 4 层,残积土,厚约 4 m,主要为棕黄色,稍湿,硬塑状,内含少量铁锰结核及其氧化物,有黄色粉土颗粒分布,含有有机质,见灰色絮状胶体,切面较光滑,稍有光泽度,韧性较高,无摇震反应,干强度较高。综合评价该层土结构性好,承载力高,为中等偏低压缩性土。

第5层,泥质粉砂岩强风化层,厚约2 m,主要为紫红色,稍湿,原状结构破坏严重,主要为粉砂岩强风化,胶结性差,岩心完整性较差。综合评价该层结构性差,但承载力较高,压缩性较小。

第6层,泥质粉砂岩中风化层,主要为紫红色,稍湿,坚硬。岩心较完整,岩石质量指标较好(RQD在90%左右);岩体结构较完整,裂隙不发育,碎屑结构,厚层状,可见水平层理发育。碎屑颗粒以长石、石英为主,钙质胶结。单轴抗压强度 f_r 为5.6 MPa。综合评价该层结构性好,承载力高,压缩性小。

四、地下水

实验场地内地下水主要为第四系松散层中的孔隙水及基岩裂隙水,其中第1层杂填土中含水属上层滞水,受地表水及大气降水影响较大;第5层、第6层泥质粉砂岩层中含水属弱承压水,富水性较弱,其动态变化主要受侧向补给影响。

本场地环境类别属Ⅱ类,为半湿润气候区,场区内无明显污染源。据地区勘察经验,场地内地下水对钢筋、混凝土等建筑材料具微腐蚀性。

五、场地特殊土

场地内主要地基土层第2层粉质黏土自由膨胀率为40%～65%,具弱膨胀潜势。据淮南地区气象资料分析,场区内大气影响深度为3.5 m,大气影响急剧层深度为1.5 m。

六、地基岩(土)承载力值

依据现场原位测试及土工实验测试结果,结合地区工程经验,场地内各岩(土)层的承载力特征值 f_{ak}、压缩模量 E_{s1-2} 值如下:

第2层,粉质黏土: $f_{ak} = 150$ kPa, $E_{s1-2} = 8.0$ MPa。

第3层,黏土: $f_{ak} = 280$ kPa, $E_{s1-2} = 13.0$ MPa。

第4层,残积土: $f_{ak} = 300$ kPa, $E_{s1-2} = 15.5$ MPa。

第5层,粉砂岩强风化: $f_{ak} = 400$ kPa。

第6层,粉砂岩中风化: $f_{ak} = 1000$ kPa。

第一篇

岩土力学性质原位测试实验

第一章 载荷实验

载荷实验是指模拟建筑物基础在受静荷载条件下,探索基础变形与荷载的关系以及在荷载作用下土体下沉随时间的变化规律的现场实验。具体为在开挖至设计的基础埋置深度的平整坑底放置一定规格的方形或圆形承压板,在其上逐级施加荷载,测定相应荷载作用下地基土的稳定沉降量,分析研究地基土的强度与变形特征。

【实验目的】

(1) 确定地基土的临塑荷载、极限荷载,为评定地基土的承载力提供依据。
(2) 确定地基土的变形模量。
(3) 估算地基土的不排水抗剪强度。
(4) 确定地基土的基床反力系数。

【实验设备】

实验可在试坑中进行,也可在钻孔中进行,还有在桩顶进行的加荷载实验。按其类型可分为平板实验、螺旋板实验及深层平板实验等,其中平板实验最为常见。在本科实验教学环节,考虑到教学的便捷性,平板实验较为合适,因此,本书选取平板荷载实验进行介绍,该实验可用于浅基础地基土力学指标和承载力测试。

仪器设备:载荷实验的设备由承压板、加荷装置及沉降观测装置等部件组合而成。

1. 承压板

承压板有现场砌置和预制两种,一般为预制厚钢板(或硬木板)。对承压板的要求是要有足够的刚度,在加荷过程中承压板本身的变形要小,而且其中心和边缘不能弯曲和翘起;其形状宜为圆形(也有方形),对密实黏性土和砂土,承压面积一般为 $1000 \sim 5000 \ cm^2$;对一般土多为 $2500 \sim 5000 \ cm^2$。一般而言,承压板尺寸应与基础相近,但因实际条件限制通常不易做到。

2. 加荷装置

加荷装置包括压力源、载荷台架或反力构架。加荷方式可分为两种,即重物加荷法和油压千斤顶反力加荷法。

(1) 重物加荷法,即在载荷台上放置重物,如铅块等。由于此法笨重,劳动强度大,加荷不便,目前已很少采用(图1.1)。其优点是荷载稳定,在大型工地常用。

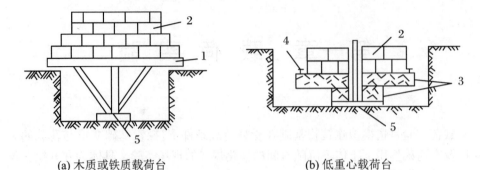

(a) 木质或铁质载荷台　　　　　　　　(b) 低重心载荷台

图 1.1　载荷台式加压装置

1. 载荷台;2. 钢锭;3. 混凝土平台;4. 测点;5. 承压板。

(2) 油压千斤顶反力加荷法,即用油压千斤顶加荷,用地锚提供反力。由于此法加荷方便,劳动强度相对较小,已被广泛采用,并有定型产品(图1.2)。采用油压千斤顶加压,必须注意两个问题:① 油压千斤顶的行程必须满足地基沉降要求。② 下入土中的地锚反力要大于最大加荷,以避免地锚上拔,实验半途而废。

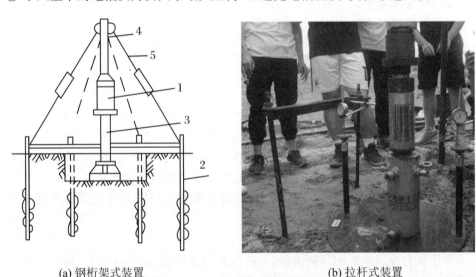

(a) 钢桁架式装置　　　　　　　　(b) 拉杆式装置

图 1.2　千斤顶式加压装置

1. 千斤顶;2. 地锚;3. 立柱;4. 分立柱;5. 拉杆。

3. 沉降观测装置

沉降观测装置有测力计百分表、沉降传感器或水准仪等。只要满足所规定的精度要求及线性特性等条件,可任意选用其中一种来观测承压板的沉降。由于载荷实验所需荷载很大,要求一切装置必须牢固可靠、安全稳定。

【实验原理】

平板载荷实验是在拟建建筑场地上将一定尺寸和几何形状(方形或圆形)的刚性板,安放在被测的地基持力层上,逐级增加荷载,并测得相应的稳定沉降,直至达到地基破坏标准,由此可得到荷载(P)-沉降(S)曲线(即 P-S 曲线)。典型平板载荷实验的 P-S 曲线可以划分为三个阶段,如图 1.3 所示。

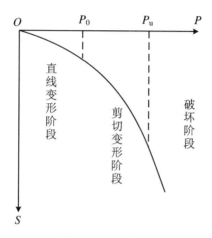

图 1.3　P-S 曲线

通过对 P-S 曲线进行计算分析,可以得到地基土的承载力特征值 f_{ak}、变形模量 E_0 和基床反力系数 K_s。

平板载荷实验所反映的相当于承压板下 1.5～2.0 倍承压板直径(或宽度)的深度范围内地基土的强度、变形的综合性状。

浅层平板载荷实验适用浅层天然地基土,包括各种填土、含碎石的土等;也用于复合地基承载力评价。

【实验步骤】

1. 设备安装

(1)下地锚,安横梁、基准梁,挖试坑等的安装。地锚数量为 4 个,以试坑中心为中心点对称布置。然后根据实验要求,开挖试坑至实验深度。接着安装好横梁、基准梁等。该工作由老师事先完成。

(2)放置承压板。在试坑的中心位置,根据承压板的大小铺设不超过 20 mm厚的砂垫层并找平,然后小心放置承压板。

(3)千斤顶和测力计的安装。以承压板为中心,从下往上依次放置千斤顶、测力计、垫片,并注意保持它们在一条垂直线上。然后调整千斤顶,使整体稳定在承压板和横梁之间,形成完整的反力系统。

（4）沉降测量元件的安装。把测力计百分表通过磁性表座固定在基准梁上，并调整其位置，使其能准确测量承压板的沉降量。测力计百分表的数量为4个，在安装时，注意使其均匀分布在4个方向，形成完整的沉降测量系统。

2．加载操作

（1）加载前预压，以消除误差。

（2）加载等级一般分10～12级，并最少不少于8级，此处取10级。因最大加载量为200 kPa，所以每级为20 kPa。由于承压板的面积为0.2 m²，所以每级荷载为4 kN。同时，第一级压力是各级加载压力的2倍，即8 kN。

（3）通过事先标定的压力表读数与压力之间的关系，计算出预定荷载所对应的测力计百分表读数。

（4）加荷载。按照计算的预定荷载所对应的测力计百分表读数加载，并随时观察测力计百分表指针的变动，通过千斤顶不断补压，以保证荷载的相对稳定。

（5）沉降观测。采用慢速法，每级荷载施加后，每隔5 min、5 min、10 min、10 min、15 min、15 min测读一次沉降，以后每隔30 min测读一次沉降，当连续2 h沉降速率小于0.1 mm/h时，可以认为沉降已达到相对稳定，可施加下一级荷载。

（6）实验记录。每次读数完，准确记录，以保证资料的可靠性。

3．卸载操作

（1）卸载时，每级压力是加载时的2倍。

（2）由于此次实习并未要求记录卸载数据，所以未作详细要求。

（3）松开油阀，拆卸装置。

【实验数据处理与结果分析】

对原始数据进行统计处理，在每级荷载作用下，通过率定曲线，得出千斤顶施加的压力，由此可计算出在每级荷载下，承压板对地基土的压力。再由测力计百分表的读数得出每级压力下稳定的沉降量，汇总于表1.1。

表1.1 原始数据记录表

压力表读数 （MPa）	千斤顶出力 （kN）	承压板压力 （kPa）	累计沉降量 （mm）	备注
P_1'	F_1	P_1	S_1	达到稳定
P_2'	F_2	P_2	S_2	达到稳定
…	…	…	…	

1．绘制 P-S 曲线（P-S 曲线的必要修正：图解法或最小二乘修正法）

根据载荷实验原始沉降观测记录，将（P，S）点绘在厘米坐标纸上。由于 P-S 曲线的初始直线段延长线不通过原点（0，0），则需对 P-S 曲线进行修正。此处采用图解法进行修正，其中 $S_0 = 0.06$ mm，即将曲线整体向上平移0.06 mm。

2. 地基承载力特征值 f_{ak}

根据实验得到的 $P\text{-}S$ 曲线,可以按照强度控制法、相对沉降控制法或极限荷载法来确定地基承载力。

(1) 强度控制法。

以 $P\text{-}S$ 曲线对应的比例界限压力或临塑压力作为地基上极限承载力的基本值。当 $P\text{-}S$ 曲线上有明显的直线段时,一般使用该直线段的终点对应的压力为比例界限压力或临塑压力 P_0。当 $P\text{-}S$ 曲线上没有明显的直线段时,$\lg P \sim \lg S$ 曲线上的转折点所对应的压力即为比例界限压力或临塑压力 P_0。

(2) 相对沉降控制法。

根据相对沉降量 S/b,即沉降量和承压板的宽度或直径之比来确定地基承载力。若承压板面积为 $0.25 \sim 0.50\ \text{m}^2$,对于低压缩性土和砂土,可取 $S/b = 0.01 \sim 0.015$ 所对应的荷载值作为地基土承载力的基本值;对于中、高压缩性土可取 $S/b = 0.02$ 所对应的荷载为承载力的基本值。

(3) 极限荷载法。

若比例界限压力 P_0 和极限承载力 P_u 接近,即当 $P\text{-}S$ 曲线上的比例界限点出现后,土体很快到达破坏时,可以用 P_u 除以安全系数 K 作为地基土承载力的基本值;当 P_0 与 P_u 不接近时,此时 $P\text{-}S$ 曲线上既有 P_0,又有 P_u,可按下式计算地基承载力的基本值:

$$f_0 = P_0 + \frac{P_u - P_0}{F_s} \qquad (1.1)$$

式中,f_0:地基承载力的基本值;F_s:经验系数,一般取 $2 \sim 3$。

地基极限承载力可以用如下方法确定:

(1) 用 $P\text{-}S$ 曲线、$\lg P\text{-}\lg S$ 曲线的第二转折点对应荷载作为地基极限承载力。

(2) 取相对沉降 $S/b = 0.06$ 相应的荷载作为地基极限承载力。

(3) 采用外插作图法确定。

3. 地基土的变形模量 E_0

可用下式计算地基土的变形模量:

$$E_0 = I_0 I_1 (1 - \mu^2) \frac{P_0}{S_0} b \qquad (1.2)$$

式中,承压板为圆形,$I_0 = 0.785$;b:承压板直径,m;P_0:比例界限荷载,MPa;S_0:比例界限荷载对应的沉降量;$I_1 \approx 1 - \dfrac{0.27z}{b}$,$z$ 为承压板埋深;μ:土的泊松比,砂土和粉土为 0.33,可塑～硬塑黏性土取 0.38,软塑～流塑黏性土和淤泥质黏性土取 0.41。

4. 估算地基土的不排水抗剪强度 C_u

饱和软黏性土的不排水抗剪强度 C_u 可以用快速载荷实验(不排水条件)所得的极限压力 P_u 按下式进行估算:

$$C_u = \frac{P_u - P_0}{N_c} \tag{1.3}$$

式中，P_u：快速荷载实验所得的极限压力，MPa；P_0：承压板周边外的超载或土的自重应力，MPa；N_c 为承压系数。对于方形或圆形承压板，当周边无超载时，N_c 取 6.15；当承压板埋深大于或等于 4 倍板径或边长时，N_c 取 9.25；当承压板小于 4 倍板径或边长时，由线性内插法确定。

5. 估算地基土基床反力系数 K_s

根据常规法载荷实验的 P-S 曲线可按下式确定载荷实验基床反力系数 K_V：

$$K_V = \frac{P}{S} \tag{1.4}$$

式中，P/S：P-S 曲线直线段的斜率。如 P-S 曲线无初始直线段，P 可以取临塑荷载 P_0 的一半，S 为对应于该 P 的沉降值。

基准基床反力系数 K_{V1} 可以由载荷实验基床反力系数 K_V 按下式求出：

$$（黏性土）K_{V1} = 3.28 B K_V$$

$$（砂土）K_{V1} = \frac{4B^2}{(B + 0.305)^2} K_V$$

式中，B：承压板的直径或宽度，m。

根据求出的基准基床反力系数 K_{V1}，可以确定地基土的基床反力系数 K_s：

$$（黏性土）K_s = \frac{0.305}{B_f} K_{V1}$$

$$（砂土）K_s = \left(\frac{B_f + 0.305}{2B_f}\right)^2 K_{V1}$$

式中，B_f：基础宽度，m。

【案例分析】

1. P-S 曲线获取

根据现场实验结果，可得原始数据如表 1.2 所示，P-S 曲线如图 1.4 所示。

表 1.2 原始数据记录表

压力表读数（MPa）	千斤顶出力（kN）	承压板压力（kPa）	累计沉降量（mm）	备注
0.2	4.6	9.2	0.0565	达到稳定
0.4	10.8	21.6	0.1515	达到稳定
0.6	17	34	0.282	达到稳定
0.8	23.2	46.4	0.5555	达到稳定
1.0	29.3	58.6	0.782	达到稳定

压力表读数 （MPa）	千斤顶出力 （kN）	承压板压力 （kPa）	累计沉降量 （mm）	备注
				续表
1.2	35.6	71.2	1.308	达到稳定
1.4	46.8	93.6	1.9315	达到稳定
1.6	48	96	3.884	达到稳定
1.8	54.2	108.4	5.468	达到稳定
2.0	60	120	6.461	达到稳定

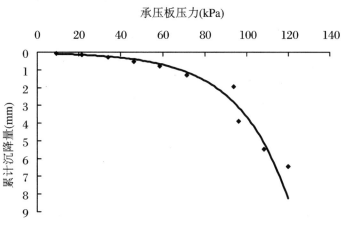

图 1.4　P-S 曲线

2. 地基承载力特征值 f_{ak}

由于 P-S 关系呈缓变曲线,不宜采用拐点法和极限荷载法确定地基承载力特征值,因此,采用相对沉降法。

其中 $b = 0.4$ m, S/b 取 0.01,即以 $S = 0.004$ m $= 4$ mm 所对应荷载为地基承载力特征值,但其值不大于最大加载量的一半。

由图 1.4 可知,当 $S = 4$ mm 时, $P = 100$ kPa。由于本次实验仅加载至 120 kPa,并非破坏时最大荷载,所以不能确定当 $S = 4$ mm 时, $P = 100$ kPa 是否小于最大加载量的一半。因此, $f_{ak} = 100$ kPa。

3. 地基土的变形模量 E_0

根据式(1.2),承压板直径 $b = 0.4$ m,承压板为圆形, $I_0 = 0.785$, $I_1 \approx 1 - \frac{0.27z}{b} = 1$, $\frac{P_0}{S_0} = \frac{21.6}{0.1515 \times 10^{-3}} = 142574$(kN/m³), μ 取 0.35,代入式(1.2)计算得 $E_0 = 39.28$ MPa。

4. 地基土基床反力系数 K_s

基床反力系数取 $P\text{-}S$ 曲线直线段斜率，即

$$K_s = \frac{P_0}{S_0} = \frac{21.6}{0.1515 \times 10^{-3}} = 142574 (\text{kN/m}^3)$$

【实验要求及注意事项】

（1）载荷实验应布置在有代表性的地点，每个场地不宜少于 3 个，当场地内岩土体不均时，应适当增设。浅层平板载荷实验应布置在基础底面标高处。

（2）浅层平板载荷实验的试坑宽度或直径不应小于承压板宽度或直径的 3 倍；深层平板载荷实验的试井直径应等于承压板直径；当试井直径大于承压板直径时，紧靠承压板周围土的高度不应小于承压板直径。

（3）试坑或试井的岩土体应避免扰动，保持其原状结构和天然湿度，并在承压板下铺设厚度不超度 20 mm 的中砂垫层并找平，且应尽快安装实验设备；螺旋板头入土时，应按每转一圈下入一个螺距进行操作，以减少对土的扰动。

（4）载荷实验宜采用圆形刚性承压板，根据土的软硬或岩体裂隙密度选用合适的尺寸；土的浅层平板载荷实验承压板面积不应小于 0.25 m^2，对软土和粒径较大的填土不应小于 0.5 m^2；土的深层平板载荷实验承压板面积宜选用 0.5 m^2；岩石载荷实验承压板的面积不宜小于 0.07 m^2。

（5）载荷实验加荷方式应采用分级维持荷载沉降相对稳定法；有地区经验时，可采用分级加荷沉降非稳定法或等沉速法；加荷等级宜取 10～12 级，至少不少于 8 级。

【思考题】

（1）静力载荷实验 $P\text{-}S$ 曲线分为哪几个阶段？各阶段反映了土的什么状态？

（2）利用静力载荷实验，确定地基承载力的方法有几种？

（3）静力载荷实验资料应用主要体现在哪几个方面？

（4）查找相关资料，简述静力载荷实验今后的发展趋势。

参 考 文 献

[1] 中华人民共和国住房和城乡建设部. 建筑地基基础设计规范：GB 50007—2011[S]. 北京：中国建筑工业出版社，2011.

[2] 肖兵，张敏勇. 平板载荷实验应思考的几个问题[J]. 岩土力学，2003，24（增刊 1）：72-73.

[3] 中华人民共和国建设部. 岩土工程勘察规范：GB 50021—2001[S]. 北京：中

国建筑工业出版社,2009.

[4] 陶玲,关立军,陈耀光.地基载荷实验中存在的问题及其探讨[J].地基基础工程检测与监测,2009,27(8):19-21.

[5] 翟洪飞,高云.载荷实验沉降与承压板尺寸关系的分析[J].西部探矿工程,2008,20(10):219-221.

第二章　静力触探实验

静力触探是通过用准静力将一定规格的内部有传感器的触探头以匀速压入土中,传感器将探头贯入时所受阻力通过电信号输入到记录仪并记录下来,接着绘制出随深度变化的曲线,来确定土体的物理力学参数,划分土层的一种土体勘测技术。静力触探具有勘探与原位测试的双重功能,适用于软土、一般黏性土、粉土、砂土和含少量碎石的土。

【实验目的】

(1) 根据贯入阻力曲线的形态特征或数值变化幅度划分土层。
(2) 估算地基土的物理力学参数。
(3) 评定地基土的承载力。
(4) 选择桩基持力层,估算单桩极限承载力,判定沉桩可能性。
(5) 判定场地地震液化势。

【实验设备】

目前,静力触探实验仪器种类较多,常见的有便携式静力触探仪、WYCL 履带式全液压静力触探车、WYZL-20 型重型履带液压式静探车、JCL 简易履带式液压静探车、WYC 轻便整体式静探车、新式-米油缸静力触探车等多种类型。其中便携式静力触探仪在工程地质勘查中应用最广,考虑仪器搬运的便捷性、操作简捷性及经济性等方面,在本科教学中采用便携式静力触探仪器。

静力触探实验设备主要包括探头、贯入主机、反力装置、探杆和记录仪(图 2.1)。实验中采用设备如下:

(1) 探头:本科教学实验采用单桥式静力触探探头,可以量测锥尖阻力,即贯入比 p_s;实验前需要在标定架上对静力触探探头进行标定,得到相应的标定系数。
(2) 贯入主机:电动机械式静力触探机。
(3) 反力装置:地锚和压重。
(4) 记录仪:采用手提电脑自动记录实验数据。

【实验原理】

静力触探实验是使用准静力以恒定的贯入速率将一定规格和形状的圆锥探头

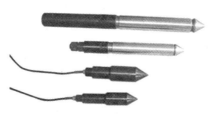

(a) 探头

(b) 贯入主机与地锚

(c) 记录仪

图 2.1　静力触探装置

利用一系列探杆压入土中,同时测记贯入过程中探头所受到的阻力,根据测得的贯入阻力大小来间接判定土的物理力学性质的现场实验方法。

静力触探实验所能获得的土层信息与探头的性能有很大的关系。单桥探头测得圆锥所受土体总的阻力,即贯入比阻力 p_s,双桥探头同时测得锥尖阻力 q_c 和侧壁摩阻力 f_s,这些参数被广泛应用于桩基承载力的设计中。

【实验步骤】

1. 准备工作

(1) 室内标定。按照要求,进行率定系数的计算。

(2) 平整实验场地,设置反力装置,将触探主机对准孔位,调平机座,并紧固在反力装置上。

(3) 将已穿入探杆内的传感器按要求接到量测仪器上,打开电源开关,预热并调试到正常工作状态。

(4) 检查探头是否正常,然后启动动力设备并调整到正常工作状态。

(5) 设置深度标尺。

2. 实验阶段

(1) 按照要求进行贯入,并注意检查零漂。

(2) 贯入过程中,自动记录系统按照设定记录传感器读数。

(3) 当测定孔隙水压力消散时,应在预定的深度或土层停止贯入,并按适当的时间间隔或自动测读孔隙水压力消散值直至基本稳定。

3. 拆卸工作

(1) 实验结束后及时拔起探杆,并记录仪器的回零情况;探头拔出后应立即清洗、上油、妥善保管,防止探头被曝晒或受冻。

(2) 拆卸其他装置。

【实验数据处理与结果分析】

将实验数据记录于表 2.1 中。

表 2.1 实验数据记录表

深度(m)	锥尖阻力(Pa)
h_1	P_s
...	...

根据实验数据,做出曲线图。

1. 划分土层界线

(1) 如上下层贯入阻力相差不大,取超前深度和滞后深度的中心,或中点偏向小阻力土层 5~10 cm 处作为分层界线。

(2) 如上下层贯入阻力相差一倍以上,当由软层进入硬层或由硬层进入软层时,取软层最后一个贯入阻力值偏向硬层 10 cm 处作为分层界线。

（3）如上下层贯入阻力无变化，可结合 f_s 变化确定分层界线。

2．估算地基土层物理力学参数

不排水抗剪强度 C_u、压缩模量 E_s、变形模量 E（查表）。

（1）评价地基土承载力。

（2）预估算单桩承载力。

【案例分析】

根据现场实验记录数据整理成表2.2、表2.3，绘制单孔静力触探曲线，如图2.2所示。

表2.2 静力触探实验数据

孔号	序号	贯入深度（m）	土层性质	比贯入阻力（MPa）		地层深度划分（m）
				平均值	一般值	
CT1	1	0～1.6	耕土	0.54	0.38～1.28	0～2
	2	1.6～3.9	粉质黏土	3.71	1.91～5.12	2.0～4.0
	3	3.9～5.8	粉土	4.6	3.40～5.70	4～5.8
	4	5.8～9.2	砾石层			

表2.3 静力触探实验结果

序号	土层性质	比贯入阻力（MPa）		地基土承载力特征值
		平均值	一般值	
1	耕土	0.54	0.38～1.28	63.2
2	粉质黏土	3.71	1.91～5.12	153.3
3	粉土	4.6	3.40～5.70	134
4	砾石层			

【实验要求及注意事项】

（1）就位后，应调平机座，并使用水平尺校准，使贯入压力保持竖直方向，并使机座与反力装置衔接、锁定。

（2）机的贯入速率应控制在 1～2 cm/s，一般为 2 cm/s；使用手摇式触探机时，手把转速应力求均匀。

（3）使用记读式仪器时，每贯入 0.1 m 或 0.2 m 时应记录一次读数。

（4）出现下列情况时应停止贯入：

① 触探主机负荷达到其额定荷载的 120% 时。

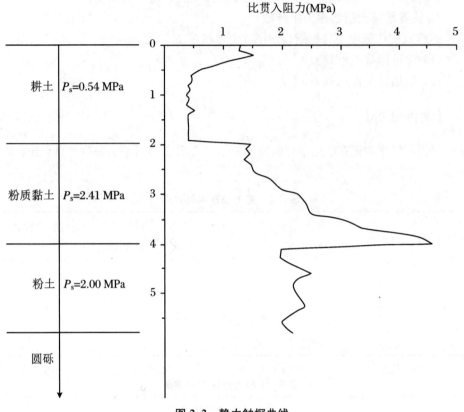

图 2.2　静力触探曲线

② 贯入时探杆出现明显弯曲。

③ 反力装置失效。

④ 探头负荷达到额定荷载时。

⑤ 记录仪器显示异常。

【思考题】

(1) 什么是静力触探实验？静力触探的主要成果有哪些？如何应用？

(2) 单桥探头和双桥探头有何区别？

(3) 根据静力触探曲线划分土层界线需要注意哪些问题？

(4) 复杂地质条件下，静力触探发展趋势如何？

参 考 文 献

[1]　中华人民共和国建设部.岩土工程勘察规范：CB 50021—2001[S].北京：中国建筑工业出版社,2009.

［2］《工程地质手册》编委会.工程地质手册［M］.5 版.北京:中国建筑工业出版社,2018.

［3］孟高头.土体原位测试机理方法及其工程应用［M］.北京:地质出版社,1997.

［4］胡明正.静力触探浅析及土层划分实际应用案例［J］.铁道勘察,2016(6):38-42.

［5］中华人民共和国住房和城乡建设部.建筑桩基技术规范:JGJ 94—2008［S］.北京:中国建筑工业出版社,2008.

［6］李鹏,许再良,李国和.基于静力触探的不同压力段土体压缩模量确定方法研究［J］.工程勘察,2013(11):5-9.

第三章 圆锥动力触探实验

圆锥动力触探是利用一定的锤击动能,将一定规格的圆锥探头打入土中,根据打入土中的阻力大小判别土层的变化,对土层进行力学分层,并确定土层的物理力学性质,对地基土做出工程地质评价。通常以打入土中一定距离所需的锤击数来表示土的阻力。

【实验目的】

动力触探实验适用于强风化、全风化的硬质岩石以及各种软质岩石和各类土,主要目的如下:

(1)定性评价:评价场地土层的均匀性;查明土洞、滑动面和软硬土层界面;确定软弱土层或坚硬土层的分布;检验评估地基土加固与改良的效果。

(2)定量评价:确定砂土的孔隙比、相对密实度、粉土和黏性土的状态、土的强度和变形参数,评定天然地基土承载力或单桩承载力。

【实验设备】

目前动力触探设备的规格较多,不同设备规格所测得触探指标不同,也就是说,某种动力触探指标对应其相应的设备规格。一般根据锤击能力分为轻型、重型和超重型三种。圆锥动力触探实验的设备应符合表3.1的规定。

表 3.1　圆锥动力触探实验设备规格

类型		轻型	重型	超重型
落锤	锤的质量(kg)	10.0	63.5	120
	落距(cm)	50	76	100
探头	直径(mm)	40	74	74
	锥角(°)	60	60	60
探杆直径(mm)		25	42	50~60

考虑到教学便携性与操作安全性,本次实验主要选择轻型动力触探设备(DPT)(图3.1),具体如下:

(1)探杆(包括导向杆)。

（2）提引器（分内挂式和外挂式两种）。

（3）穿心锤。

（4）锤座（包括钢砧与锤垫）。

（5）探头。

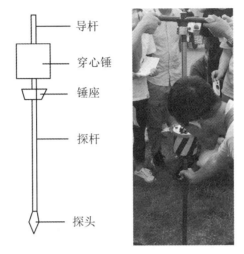

图 3.1　轻型动力触探设备示意图

【实验原理】

DPT 的基本原理可以用能量平衡法来分析。在一次锤击作用下的功能转换可按能量守恒原理写成：

$$E_m = E_k + E_c + E_f + E_p + E_e$$

式中，E_m：穿心锤下落能量，kJ；E_k：锤与触探器碰撞时损失的能量，kJ；E_c：触探器弹性变形所消耗的能量，kJ；E_f：贯入时用于克服杆侧壁摩阻力所耗能量，kJ；E_p：由于土的塑性变形而消耗的能量，kJ；E_e：由于土的弹性变形而消耗的能量，kJ。

考虑在动力触探测试中，只能量测到土的永久变形，故将和弹性有关的变形略去，通过推导可得土的动贯入阻力 R_d 为

$$R_d = \frac{M^2 gh}{e(M + m)A} (\text{kPa})$$

式中，e：贯入度（每击贯入的深度），mm；M：重锤质量，kg；m：触探器质量，kg；A：圆锥探头底面积，m^2。

【实验步骤】

1. 轻型动力触探

（1）先用轻便钻具钻至实验土层标高以上 0.3 m 处，然后对土层进行连续

触探。

(2) 实验时,穿心锤落距为 0.50 m±0.02 m,记录每打入 0.30 m 所需的锤击数。

(3) 如想取样,则需把触探杆拔出,换钻头进行取样。

(4) 一般用于触探深度小于 4 m 的土层。

2. 重型动力触探

(1) 实验前将触探架安装平稳,使触探能够保持垂直地进行。垂直度的最大偏差不得超过 2%。

(2) 贯入时应使穿心锤自由落下。地面上的触探杆不宜过高,以免倾斜与摆动太大。

(3) 锤击速率宜为每分钟 15~30 击。

(4) 及时记录每贯入 0.10 m 所需的锤击数。

(5) 对于一般砂、圆砾和卵石,触探深度不宜超过 12~15 m;超过该深度时,需考虑触探杆的侧壁摩阻的影响。

(6) 每贯入 0.1 m 所需锤击数连续三次超过 50 击时,即停止实验。

【实验数据处理与结果分析】

1. 实测击数的统计分析

每层实测锤击数的算术平均值。

$$N'_x = \frac{1}{n} \sum_{i=1}^{n} N_x$$

式中,x:脚标代表锤重,kg;N'_x:N_x 的平均值,次;N_x:实测锤击数,次;n:参加统计的测点数。

对于轻型动力触探为每贯入 30 cm 的锤击数,中型、重型为每贯入 10 cm 的锤击数。

2. 击数的杆长修正(对于中、重型动力触探)

击数的杆长修正的公式为

$$N' = \alpha N$$

式中,α:修正系数。

动力触探探杆长修正系数如表 3.2 所示。

表 3.2 动力触探探杆长度修正系数

探杆长度(m)	≤1	2	3	4	5	6	8	10	12	15
α	1.00	0.96	0.90	0.85	0.83	0.81	0.78	0.76	0.75	0.74

成果应用:

（1）划分土类或土层剖面。

锤击数越少，土的颗粒越细；锤击数越多，土的颗粒越粗。

（2）确定地基土承载力。

黏性土、粉土地基承载力如表 3.3 所示。

表 3.3　黏性土、粉土地基承载力（中型动力触探）

N_{28}	2	3	4	6	8	10	12
f_k(kPa)	120	150	180	240	290	350	400

（3）确定砂土密实度。

（4）确定单桩承载力标准值 R_k。

打桩机最后 30 锤平均每锤的贯入度 S_p 与持力层的 $N_{63.5}$ 有如下经验关系：

$$S_p = \frac{2.86}{N_{63.5}}$$

利用打桩公式，即可估算打入桩单桩承载力标准值 R_k 公式如下：

$$（大桩机）R_k = \frac{WH}{9(0.15 + S_p)} + \frac{WH\sum N_{63.5}}{6000}$$

$$（中桩机）R_k = \frac{WH}{8(0.15 + S_p)} + \frac{WH\sum N_{63.5}}{2250}$$

式中，W：打桩机的锤质量，kN；H：打桩机锤的自由落距，cm；S_p：打桩机最后 30 锤平均每锤贯入度，cm；$N_{63.5}$：重型动力触探持力层的锤击总数；R_k：打入桩单桩承载力标准值，kN。

【案例分析】

1. 数据统计

根据实际测试结果，将实验数据统计如表 3.4 所示。

表 3.4　实验数据统计表

深度 h(cm)	0～30	30～60	60～90	90～120	120～150	150～180
锤击数 N	10	16	23	26	25	35
深度 h(cm)	180～210	210～240	240～270	270～300	300～330	330～360
锤击数 N	42	38	47	51	54	57

根据上表，绘制出 N-h 曲线，如图 3.2 所示。

2. 划分土层界线

进行土层力学分层时，根据 $N10$-h 曲线，考虑触探的临界深度及界面效应，即"超前"和"滞后"影响，一般触探曲线由软层进到硬层时，则分层界线定在软层最后

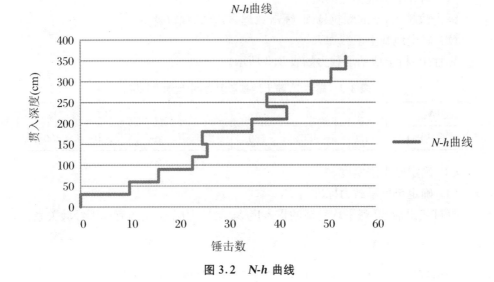

图 3.2　N-h 曲线

一个小值点以下 2～3 倍探头直径处,由硬层进入软层时,则分层界线定在软层第一个小值点以上 2～3 倍探头直径处。

0～0.6 m 时,锤击数稳定,为素填土;0.6～2.4 m 时,锤击数继续增加,稳定在 32 左右,为软塑状粉质黏土;2.4～3.6 m 时,锤击数稳定在 50 左右,为硬塑状粉质黏土。

【实验要求及注意事项】

(1) 重型及超重型圆锥动力触探的落锤应采用自动脱钩装置。

(2) 触探杆应顺直,每节触探杆相对弯曲宜小于 0.5%,丝扣应完好无裂纹。当探头直径磨损大于 2 mm 或锥尖高度磨损大于 5 mm 时应及时更换探头。

(3) 圆锥动力触探实验应采用自由落锤,地面上触探杆高度不宜超过 1.5 m,并应防止锤击偏心、探杆倾斜和侧向晃动。

(4) 锤击贯入应连续进行,锤击速率宜为(15～30)击/min。

(5) 每贯入 1 m,应将探杆转动一圈半;当贯入深度超过 10 m 后,每贯入 20 cm 宜转动探杆一次。

(6) 应及时记录实验段深度和锤击数。轻型动力触探记录每贯入 30 cm 的锤击数,重型及超重型动力触探记录每贯入 10 cm 的锤击数。

(7) 对轻型动力触探,当贯入 30 cm 锤击数大于 100 击或贯入 15 cm 的锤击数超过 50 击时,可停止实验。

(8) 对重型动力触探,当连续三次每贯入 10 cm 的锤击数大于 50 击时,可停止实验或改用钻探、超重型动力触探;当遇有硬夹层时,宜穿过硬夹层后继续实验。

【思考题】

(1) 圆锥动力触探实验与标贯实验有何区别与联系?

(2) 动力触探结果数据如何处理?

(3) 动力触探适用于哪些土层?

(4) 动力触探在工程地质勘察中发展趋势如何?

参 考 文 献

[1] 崔京浩,徐金明,刘绍峰,等.岩土工程实用原位测试技术[M].北京:中国水利水电出版社,2007.

[2] 徐超.岩土工程原位测试[M].上海:同济大学出版社,2005.

第四章 旁 压 实 验

旁压实验是将圆柱形旁压器放入土中，向旁压器内充气（或水）施加压力，使旁压膜膨胀，并由旁压膜将压力传给周围的土体，使土体产生变形直至破坏，通过量测施加的压力和土体变形之间的关系，即可得到地基土在水平方向的应力应变关系。该实验适用于黏性土、粉土、砂土、碎石土、残积土、极软岩和软岩等。

【实验目的】

(1) 了解旁压仪的实验设备组成、功能及工作原理。

(2) 掌握旁压实验的操作步骤及技术要求。

(3) 掌握旁压实验的成果应用。

通过对旁压实验成果分析，并结合地区经验，可用于以下岩土工程目的：

① 对土进行分类。

② 评价地基土的承载力。

③ 评价地基土的变形参数，进行沉降估算。

④ 根据旁压曲线，可推求地基土的原位水平应力、静止侧压力系数和不排水抗剪强度等参数。

【实验设备】

一、旁压实验的分类

旁压实验按旁压器放置在土层中的方式分为：预钻式旁压实验、自钻式旁压实验和压入式旁压实验。

(1) 预钻式旁压实验是事先在土层中钻探成孔，再将旁压器放置到孔内实验深度进行实验，其结果很大程度上取决于成孔质量，一般用于成孔质量较好的地基土中。

(2) 自钻式旁压实验是在旁压器下端装置切削钻头和环形刃具，以静压力压入土中，同时，用钻头将进入刃具的土切碎，并用循环泥浆将碎土带到地面，下入到预定深度后进行实验。

(3) 压入式旁压实验又分为圆锥压入式和圆筒压入式两种，都是用静力将旁

压器压入到指定深度进行实验,但在压入过程中对土有挤土效应,对实验结果有一定的影响。

二、旁压仪的组成及类型

旁压仪由旁压器、加压稳压装置、变形测量装置、导管等几部分组成。目前国内外主要旁压仪类型详见表 4.1,本次旁压实验采用的旁压仪为 PY-3 型(图 4.1),其基本组成如下:

表 4.1 国内主要的旁压仪类型

主要产品	型号(或厂家)	类型	适用范围
PY 型旁压仪	PY-3/5	预钻式	黏性土、粉性土、砂土、强风化岩、软岩
PM 型旁压仪	PM-1A、PM-2B、PMY-4	预钻式	硬性黏性土、粉性土、砂土等
梅纳旁压仪	G-AM	预钻式	黏性土、粉性土、砂土、强风化岩、软岩
自钻式旁压仪	Cambrigde 公司	自钻式	黏性土、砂土等
PRM 径向旁压仪		预钻式	黏性土、粉性土、砂土、强风化岩、软岩
PYHL 型旁压仪	PYHL-1 型	自钻式	黏性土、粉性土、砂土、强风化岩、软岩

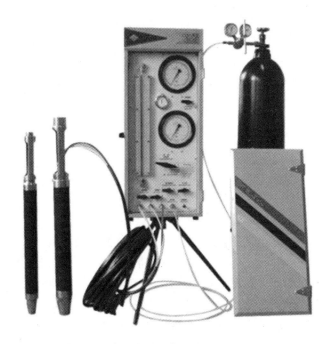

图 4.1 旁压实验设备示意图(PY-3 型)

(1) 旁压器:如图 4.2 所示,为圆柱形骨架,外套有密封的弹性膜。预钻式一般分上、中、下三腔,中腔为测试腔,上、下腔为辅助腔,上、下腔用金属管连通,而与中腔严密隔离。自钻式一般为单腔,旁压器中央为导水管,用以疏导地下水,以利于将旁压器放到测试位置。在弹性膜外根据需要可加装一层可扩张的金属保护套(铠装保护)。

(2) 加压稳压装置:压力源为高压氮气(或人工打气),并附有加压稳压调节阀和压力表。

(3) 变形测量装置:如图 4.3 所示,一般由体变管(量管)或液位仪及辅管组成,也可采用横向变形传感器直接测出径向变形。

(4) 导管:为尼龙软管,连接旁压器中腔与体变管相通,连接上、下腔与辅管相通。

(5) 成孔的钻探设备。

图 4.2　旁压器

图 4.3　变形测量装置

【实验原理】

仪器工作时,由加压装置通过改变增压缸的截面积,将较低的气压转换为较高的水压,并通过高压导管传至旁压器,使旁压器弹性膜膨胀进而导致地基孔壁受压而产生相应的侧向变形。其变形量可由增压缸的活塞位移值确定,压力由与增压缸相连的力传感器测得。根据所测结果,得到压力和位移值间的关系,即旁压曲线。从而计算地基土层的临塑压力、极限压力、旁压模量等相关土力学指标。

【实验步骤】

（1）实验前平整实验场地，根据土的分类和状态选择适宜的钻头开孔。要求孔壁垂直、孔洞呈完整的圆形，尽可能减少对孔壁土体的扰动。

（2）钻孔时，若遇松散砂层和软土层时，须用泥浆护壁钻进。钻孔孔径应比旁压器外径大 2～6 mm。

（3）实验点布置原则：必须保证旁压器上、中、下三腔都在同一土层中。实验点垂直间距一般不小于 1 m，每层土不少于 1 个测点。层厚大于 3 m 的土层，一般不少于 2 个测点，亦可视工程需要确定测点位置和数量。

（4）实验前在水箱内注满蒸馏水或无杂质的冷开水，打开水箱安全盖。

（5）检查并接通管路，把旁压器的注水管和导压管的快速接头对号插入。

（6）把旁压器竖立于地面，打开水箱至量管、辅管。在此过程中需不停地拍打尼龙管并摇晃旁压器，以便尽量排除旁压器和管路中滞留的气泡。为了加速注水和排除气泡，亦可向水箱稍加压力。当量管和辅管水位升到刻度零或稍高于零时，即可终止注水，关闭注水阀和中腔注水阀。

（7）调零。把旁压器垂直提升，直到中腔的中点与量管零位相平，打开调零阀，并密切注意水位的变化，当水位下降到零时，立即关闭调零阀、量管阀和辅管阀，然后放下旁压器。

（8）将旁压器放入钻孔中预定的实验深度，其深度以中腔中点为准。打开量管阀和辅管阀施加压力。

（9）用高压氮气源加压时，接上氮气加压装置导管（此时手动加压装置则应关闭），把减压阀按逆时针方向拧到最松位置，打开气源阀，按顺时针方向调节减压阀，使高压降低到比所需要最高实验压力大 100～200 kPa，然后缓慢地按顺时针方向调节调压阀并调到所需的实验压力。

（10）手动加压时，先接上打气筒，关闭氮气加压阀，打开手动加压阀，用打气阀向贮气罐加压，使贮气罐内的压力增加到比所用最高实验压力大 100～200 kPa，然后按顺时针方向缓慢旋转调节阀调到所需的实验压力。

（11）加压等级一般设定为预计极限压力的 1/12～1/8。

（12）各级压力下的相对稳定时间标准为 1 min 或 3 min。按下列时间顺序测记量管的水位下降值：

① 对 1 min 稳定时间标准：15 s、30 s、60 s。

② 对 3 min 稳定时间标准：1 min、2 min、3 min。

（13）在任何情况下，当扩张体积相当于量测腔的固有体积时，应立即终止实验。

（14）实验结束后，采取以下方法使弹性膜回复原状：

① 当实验深度小于 2 m 时，把调压阀按逆时针方向拧到最松位置，即与大气

相通,利用弹性膜的约束力回水至量管和辅管,当水位接近零时,即可关闭量管阀和辅管阀。

② 当实验深度大于 2 m 时,打开水箱安全盖,再打开注水阀和中腔注水阀,利用实验压力使旁压器回水至水箱。

③ 当需排净旁压器的水时,可打开排水阀和中腔注水阀,利用实验压力排净旁压器内的水。

④ 也可引用真空泵吸回水。

(15) 终止实验消压后,必须等 2~3 min 后才能去除旁压器,并仔细检查、擦洗、装箱。

(16) 当需进行下一实验点的测试时,重复上述步骤进行。

【实验数据处理与结果分析】

绘制 P-V 曲线前,要对原始资料进行整理,主要是对各级压力和相应的测管水位下降值进行校正。

1. 校正压力

校正压力的计算公式为

$$P = P_m + P_w - P_i$$

式中,P:校正后的压力,kPa;P_m:压力表读数,kPa;P_w:静水压力,kPa;P_i:弹性膜约束力,可查弹性膜也树立校正曲线,kPa。

2. 校正变形量

校正变形量的计算公式为

$$V = SA$$

$$S = S_m - \alpha(P_m + P_w)$$

式中,V:校正后的体变量,cm³;S:校正后的量管水位下降值,cm;A:量水管截面积,cm²;S_m:量水管水位下降值,cm;α:仪器综合变形校正系数,cm/kPa。

然后根据上述校正后的压力 P 和校正后的体变量 V 绘制出 P-V 曲线,最后根据绘制出的 P-V 曲线确定原状土体的压力(初始压力)P_0 值、土体的临塑压力 P_f 值和土体的极限压力 P_l 值。

根据所得的 3 个压力特征值计算出土体的承载力、旁压模量、旁压剪切模量和不排水抗剪强度。

3. 土体承载力

土体承载力的计算公式为

$$f_0 = P_f - P_0 = \frac{P_l - P_0}{F}$$

式中,F:安全系数。

4. 不排水抗剪强度

不排水抗剪强度计算公式为

$$C_u = P_f - P_0$$

5. 侧压力系数

侧压力系数计算公式为

$$K_0 = \frac{P_0}{z\gamma}$$

式中，γ：土的容重，kN/m^3；Z：旁压器中心点至地面的土柱高度，m。

6. 旁压剪切模量和旁压模量

$$G_m = (V_c + V_m)\frac{\Delta P}{\Delta V}$$

$$E_m = 2(1 + \mu)(V_c + V_m)\frac{\Delta P}{\Delta V}$$

式中，μ：泊松比；ΔP：旁压实验曲线还是那个直线变化段的压力增量，kPa；ΔV：相应于 ΔP 的体积变化增量，cm^3；V_m：平均体积增量（取旁压实验曲线直线段两点间压力所对应的体积值之和的一半），cm^3；V_c：旁压器（中腔）初始体积，cm^3。

【案例分析】

1. 实验地点

校内实验场；实验深度：3.5～4.0 m；实验土层：第3层黏土。

2. 实验数据

实验原始数据及数据整理结果如表4.2所示。

表4.2　原始数据记录表

压力 （kPa）	静水压力 （kPa）	弹性膜约束力 （kPa）	校正后压力 （kPa）	测管位移 （cm）
0	48	35.5	12.5	12.6
100	48	43.7	104.3	18.8
200	48	47.8	200.2	22.3
300	48	49.8	298.2	24.2
400	48	51.5	396.5	25.8
500	48	52.6	495.4	26.9
600	48	53.7	594.3	28
700	48	54.8	693.2	29.1
800	48	55.8	792.2	30.2
900	48	57	891	31.5
1000	48	58.1	989.9	32.7

压力 (kPa)	静水压力 (kPa)	弹性膜约束力 (kPa)	校正后压力 (kPa)	测管位移 (cm)
1100	48	60.2	1087.8	35
1200	48	62.2	1185.8	37.3
1240	48	64	1224	39.5

续表（见上表右上角）

3. 绘制 P-S 曲线

根据实验数据，绘制 P-S 曲线如图 4.4 所示。

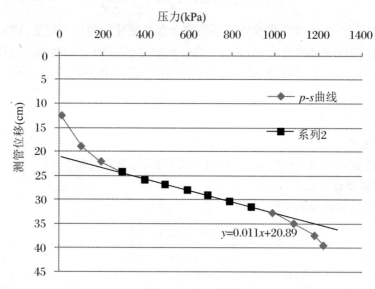

图 4.4 P-S 曲线

4. 实验数据处理

（1）确定初始压力 P_0。

初始压力为直线的截距，由实验数据可知初始压力 P_0 为 159.1 kPa。

（2）确定临塑压力 P_f。

临塑压力为直线段的终点对应的压力值，由实验数据可知临塑压力 P_f 为 891 kPa。

（3）确定极限压力 P_L。

极限压力通过手工外推法可知

$$S = 2S_0 + S_c$$

其等于所对应的压力值，式中，S_0 为直线的截距，即 20.89 cm；S_c 为旁压仪初始位移值，即 34.75 cm；所以 S 经计算为 76.53 cm，极限压力 P_L 为 1670 kPa。

5. 成果应用

(1) 确定抗剪强度 C_u。

抗剪强度的计算公式为

$$C_u = \frac{P_L^*}{5.5}$$

其中 $P_L^* = P_L - P_0$，代入得

$$C_u = \frac{1670 - 159.1}{5.5} = 274.7(\text{kPa})$$

(2) 确定旁压模量 E_m。

旁压模量的计算公式为

$$E_m = 2(1 + \mu)\left(S_c + \frac{S_0 + S_f}{2}\right)\left(\frac{P_t}{S_f - S_0}\right)$$

式中, μ 为土的侧向膨胀系数(泊松比), 可按地区经验确定, 对于正常固结和轻度超固结的土类: 砂土和粉土取 0.33, 可塑至坚硬状态的黏性土取 0.38, 软塑黏性土、淤泥和淤泥质土取 0.41。

$$E_m = 2(1 + \mu)\left(S_c + \frac{S_0 + S_f}{2}\right)\left(\frac{P_t}{S_f - S_0}\right)$$

$$= 2(1 + 0.38)\left(34.75 + \frac{20.98 + 31.5}{2}\right)\left(\frac{891}{31.5 - 20.98}\right)$$

$$= 14.25(\text{MPa})$$

(3) 确定压缩模量 E_0 和变形模量 E_s。

地基土压缩模量 E_0 和变形模量 E_s 可由地区经验公式确定。

(4) 确定地基承载力。

利用旁压实验确定地基承载力是比较可靠的, 按临塑压力法, 地基承载力标准值:

$$f_k = P_f - P_0 = 891 - 159.1 = 731.9(\text{kPa})$$

【实验要求及注意事项】

1. 实验要求

(1) 使用前, 必须熟悉仪器的基本原理、管理图和各阀门的作用。

(2) 测试设备必须进行标定, 其是保证旁压实验正常进行的前提, 标定包括两项内容: 弹性模约束力标定和仪器综合变形标定。

(3) 需保证钻孔质量, 钻孔质量是实验的关键。

(4) 加荷等级一般设定为预计临塑压力的 1/7～1/5。各级压力增量可相等, 也可不等。

(5) 各级压力下的观测时间可根据土的特征等具体情况, 采取 1 min 或 2 min, 按时间顺序测记测量管的水位下降值 S。

（6）当测管水位下降接近 40 cm 或水位急剧下降无法稳定时，应立即终止实验，以防弹性膜胀破。

2. 注意事项

（1）一次实验必须在同一土层进行，否则，不仅实验资料难以应用，而且当上、下两种土层差异过大时，会造成实验中旁压器弹性膜破裂，进而导致实验失败。

（2）钻孔中取过土样或进行标贯实验的孔段，由于土体已经受到不同程度的扰动，不宜再进行旁压实验。

（3）实验点的垂直间距应根据地层条件和工程要求确定，但不宜小于 1 m；实验孔与已钻孔的水平距离也不宜小于 1 m。

（4）在实验过程中，如由于钻孔直径过大或被测岩土体的弹性区较大，可能水量不够，即岩土体仍处在弹性区域内，而施加压力尚未达到仪器最大压力值，但位移量已超过 320 mm。此时，如要继续实验，则应补水。

（5）实验完毕，若较长时间不使用仪器，须将仪器内部所有水排尽，并擦净仪器外表，放在阴凉、干燥处。

【思考题】

（1）旁压实验的优缺点和适用范围是什么？
（2）旁压实验的成果有哪些应用？
（3）旁压实验与载荷实验的异同是什么？
（4）旁压实验未来发展和应用趋势是什么？

参 考 文 献

［1］ 项伟,唐辉明.岩土工程勘察［M］.北京:化学工业出版社,2012.

［2］ 徐超,石振明,等.岩土工程原位测试［M］.上海:同济大学出版社,2005.

［3］ 周明,楼康明,黄佳铭,等.岩土原位测试旁压实验的数据处理方法［J］.广东土木与建筑,2012,19(11):39-41,61.

［4］ 中华人民共和国建设部.岩土工程勘察规范:GB 50021—2001［S］.北京:中国建筑工业出版社,2009.

第五章　现场直剪实验

现场直接剪切实验(简称现场直剪实验)是测定岩土抗剪强度的常用方法。该实验通常采用四个试样,分别在不同的垂直压力作用下,施加水平剪切力进行剪切,取得其在水平面破坏时的剪应力,然后根据库仑强度理论确定岩土的抗剪强度指标内摩擦角和黏聚力。现场直剪实验主要适用于各类黏性土、粉土、砂土以及岩石等。

【实验目的】

(1) 了解岩土体现场直剪实验的基本工作原理和操作流程。
(2) 掌握岩土体现场直剪实验的资料处理流程。
(3) 通过现场直剪实验获取试样的抗剪强度参数。

【实验设备】

目前现场直剪实验仪器的种类较多,按照加载数值以及测试对象的不同,主要分为岩体直剪仪和土体直剪仪。本次实验采用的是 YL-WBJL 型现场剪切实验仪,该仪器适用于野外土体以及岩体的剪切实验,通常是对每组不少于 3 个的岩土体试样施加不同法向(垂直)的载荷,待法向载荷稳定后,再施加水平(切向)剪切力,使岩土体试样在确定的剪切面上被破坏,记录试样被破坏时的剪切应力,绘制剪切应力与剪切位移曲线、剪切应力与垂直位移曲线,确定比例强度、屈服强度、峰值强度、剪胀点和剪胀强度等相应参数,并可获求土的黏聚力 C 和内摩擦角 ψ 等。

现场直剪实验可在试坑、探槽、试洞中进行。岩土体原位直剪实验仪如图 5.1 所示,该仪器主要技术指标和参数如下:

(1) 滚轴排:9 根滚轴,滚轴径 ϕ35 mm,长 30 cm。
(2) (油泵):法向,300 kN(手动或自动);切向,500 kN(手动或自动)。
(3) 压式传感器:精度(综合)$\leqslant$0.5%F·s;灵敏系数 2 mV/V。
(4) 剪切箱尺寸:50 cm×50 cm×22 cm(特殊要求可定制)。

【实验原理】

岩土体的抗剪强度是指土体抵抗剪切破坏的极限能力,是岩土的重要力学性质指标之一,测试示意如图 5.2 所示。根据库仑定律,其计算公式为

图 5.1　YL-WBJL 型现场剪切实验仪

$$\tau_f = C + \sigma \tan \psi$$

式中，τ_f:剪切破坏面上的剪应力，kPa，即岩土体的抗剪强度；C:岩土体的黏聚力，kPa；σ:破坏面上的法向应力，kPa；ψ:岩土体的内摩擦角，。

依据所测得的 τ_f 可求出相应的 C、ψ 值。

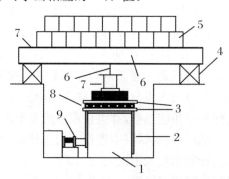

图 5.2　岩土体原位直剪实验示意图

1. 试件；2. 剪切盒；3. 钢板；4. 支墩；5. 砂袋；6. 工字钢梁；

7. 垂直千斤顶；8. 滚轴；9. 水平千斤顶。

1. 平推法

$$（法向应力）\sigma = \frac{P}{A}$$

$$（切向应力）T = \frac{Q}{A}$$

2. 斜推法

$$（法向应力）\sigma = \frac{P}{F} + Q\,\frac{\sin\alpha}{F}$$

$$（切向应力）\tau = Q\,\frac{\cos\alpha}{F}$$

式中，Q：作用于剪切面上的总斜向荷载，N；α：斜向荷载施力方向与剪切面之间的夹角，°。

在土体中，无黏性土的抗剪强度与法向应力成正比；黏性土的抗剪强度除和法向应力有关外，还取决于土的黏聚力。岩土体的内摩擦角 ψ、黏聚力 C 是岩土压力、地基承载力和岩土坡稳定等强度计算必不可少的指标。

【实验步骤】

仪器设备安装调试并经一定时间的养护后可开始实验，其步骤如下：

1. 施加法向荷载

按预定的法向应力方向对试件分级施加法向荷载，一般应分为 4～5 级，每隔 5 min 加一级，并测读每级荷载下的法向位移。在加到最后一级荷载时，要求测读稳定法向位移值。其稳定标准为：对无充填结构面和岩体，每隔 5 min 读一次数，连续两次读数之差不超过 0.01 mm；对有充填结构面，可根据结构面的厚度和性质，按每 10～15 min 读一次数，连续两次读数差不超过 0.05 mm。

2. 施加剪切荷载

（1）在法向位移稳定后，即可施加剪切荷载直至试件产生剪切破坏。其方法为：按预估的最大剪切荷载划分 8～12 级（当剪切位移明显增大时，可适当增加级数），每隔 5 min 加一级，并在加荷前后各测读一次剪切位移读数。

（2）试件剪断后，继续测记在大致相等的剪应力作用下，不断发生大位移（1～1.5 cm 以上）的残余强度。然后分 4～5 级卸除剪切荷载至零，观测回弹变形。

（3）抗剪断实验结束后，根据需要调整设备和测表，按上述同样方法进行摩擦实验。

（4）采用斜推法分级施加斜向荷载时，应保持法向荷载始终为一常数。为此需同步降低由斜向荷载而增加的法向分荷载。这时施加在试件上的法向荷载 P_n 可按如下公式计算：

$$P_n = P' - Q\sin\alpha$$

式中，P'：预定的法向荷载，N；Q：斜向荷载，N；α：斜向荷载作用线与剪切面的夹角。

3. 拆除设备及描述试件破坏情况

实验完毕后，按设备安装相反的顺序拆除实验设备。然后，翻转试件，对试件破坏情况进行详细描述，内容包括：破坏形式、剪切面起伏情况、剪断岩体面积、擦痕分布范围及方向等,并进行素描和拍照。

4. 重复实验

以不同的法向荷载重复施加剪切载荷步骤(1)~(3),对其余试件进行实验,取得相应的数据。

【实验数据处理与结果分析】

(1) 按下列各式计算各级荷载作用下剪切面上的应力。

平推法:

① $\sigma = \dfrac{P}{A}$

② $\tau = \dfrac{Q}{A}$。

斜推法:

① $\sigma = \dfrac{P}{A} + \dfrac{Q}{A}\sin \alpha$

② $\tau = \dfrac{Q}{A}\cos \alpha$

式中,σ:作用于剪切面上的法向应力,MPa;τ:作用于剪切面上的剪应力;A:剪切面面积,mm^2;其余符号意义同前。

(2) 绘制各法向应力下的剪应力(τ)与剪切变形(u)关系曲线(图 5.3)。根据曲线特征,确定岩体的比例极限、屈服强度、峰值强度及残余强度等参数。

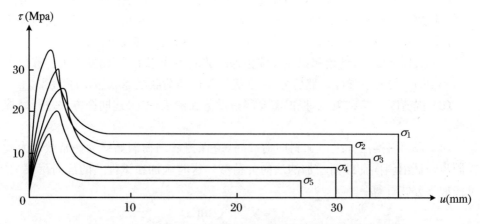

图 5.3 不同正应力(σ)下剪应力(τ)与剪切变形(u)关系曲线

(3) 绘制法向应力与比例极限、屈服强度、峰值强度及残余强度关系曲线,并按库仑表达式确定相应的 C、ψ 值,其实验方法和资料整理方法相同。

如果实验是沿结构面剪切或岩体与混凝土接触面剪切的,则所求的 C、ψ 值为结构面或岩体与混凝土接触面的 C、ψ 值。

【实验要求及注意事项】

（1）严格遵守《岩土工程勘察规范》（GB 50021—2001）的规定,进行岩土体现场直剪实验。

（2）严格遵守《岩土体现场直剪实验规程》（HG/T 20693—2006）的规定,进行岩土体现场直剪实验。

（3）严格遵守《现场直剪实验规程》（YS 5221—2000）的规定,进行岩土体现场直剪实验。

（4）实验结束时,把实验设备整理好。

（5）注意不要损坏实验器材。

【思考题】

（1）哪些因素对实验结果会产生影响？

（2）现场直剪实验的优点及使用条件是什么？

（3）在对无黏性土进行直剪实验时,制样需注意哪些因素？

（4）简述现场直剪实验仪器的发展趋势。

参 考 文 献

[1]　项伟,唐辉明.岩土工程勘察[M].北京:化学工业出版社,2012.

[2]　唐辉明.工程地质学基础[M].北京:化学工业出版社,2008.

[3]　中华人民共和国建设部.岩土工程勘察规范:CB 50021—2001[S].北京:中国建筑工业出版社,2009.

[4]　岩土体现场直剪实验规程:HG/T 20693—2006[S].北京:中国计划出版社,2007.

[5]　现场直剪实验规程:YS 5221—2000[S].北京:中国计划出版社,2001.

第六章　基坑测斜实验

　　基坑监测是指在基坑开挖及地下工程施工的过程中,对基坑岩土性状、支护结构变位和周围环境条件的变化,进行各种观察及分析工作,并将监测结果及时反馈,预测进一步开挖施工后将导致的变形及稳定状态的发展,根据预测判定施工对周围环境造成影响的程度,来指导设计与施工,实现信息化施工。本章介绍土体深层水平位移监测实验,该部分内容为基坑监测的重要内容之一。

【实验目的】

　　(1)通常采用钻孔测斜仪测定土体和围护结构的深层水平位移,当被测土体产生变形时,测斜管轴线产生挠度,可用测斜仪测量测斜管轴线与铅垂线之间夹角的变化量,从而获得土体内部各点的水平位移。

　　(2)通过实验掌握监测土体深层水平位移的原理和方法,熟悉测斜管的埋设方法和测斜仪的使用方法,掌握测试成果的整理方法。

【实验设备】

　　测量深层水平位移通常采用测斜仪。测斜仪分固定式和活动式两种,目前普遍采用活动式测斜仪。活动式测斜仪只使用一个测头即可连续测量,测点数量可以任选。本次测斜仪型号为 YL-IMI(H),是一种精密测量结构深层倾斜的检测设备。该测斜仪主要利用内埋式测斜管水平位移曲线进行测量,广泛应用于土石坝、岩土边坡、建筑基坑、堤防、地下工程、港务工程等,产品技术指标如表 6.1 所示。YL-IMI(H)测斜仪如图 6.1 所示。

表 6.1　YL-IMI(H)测斜仪技术指标

型　　号	测斜仪 YL-IMI(H)	测斜仪 YL-IMI
记录方式	自动	手动
测量范围	$\pm 30°$	
分辨率	0.01 mm/500 mm	
探头精度	± 2 mm/30 m	
工作温度	$-25 \sim +55$ ℃	

续表

型号	测斜仪 YL-IMI(H)	测斜仪 YL-IMI
记录方式	自动	手动
耐水压	2.0 MPa	
抗震性	2000 g	
导轮间距	500 mm	
测头尺寸	ϕ28 mm×690 mm	
测头质量	2.6 kg	

图 6.1 YL-IMI(H)测斜仪

测斜仪主要由测头、测读仪、电缆和测斜管四部分组成。

1. 测头

目前常用的测头分为伺服加速度计式和电阻应变计式。

（1）伺服加速度计式测头的工作原理是根据检测质量块因输入加速度而产生惯性力与地磁感应系统产生的反馈力相平衡,通过感应线圈的电流与反力成正比的关系测定倾角。该类测斜探头灵敏度和精度较高。

（2）电阻应变式计式测头的工作原理是在弹性好的铜簧片下悬挂摆锤,并在弹簧片两侧粘贴电阻应变片,构成全桥输出应变式传感器。弹簧片构成等应变梁,在弹簧弹性变形范围内通过测头的倾角变化与电阻应变读数间的线性关系测定倾角。

2. 测读仪

分为携带式数字显示应变仪和静态电阻应变仪等。

3. 电缆

采用有长度标记的电缆线,且在测头重力作用下不应有伸长现象。通过电缆向测头提供电源,传递量测信号,量测测点到孔口的距离,提升和下放测头。

4. 测斜管

测斜管有铝合金管和塑料管两种(图 6.2),长度每节 2～4 m,管径有 60 mm、70 mm、90 mm 等多种规格,管段间由外包接头管连接,管内有两组正交的纵向导槽,测量时测头在一对导槽内可上下移动,测斜管接头有固定式和伸缩式两种,测斜管的性能是直接影响测量精度的主要因素。导管的模量既要与土体的模量接近,又不能因土压力而被压扁。

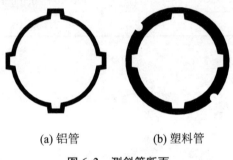

(a) 铝管　　　　　(b) 塑料管

图 6.2　测斜管断面

测斜管的埋设方式有两种:一种是绑扎预埋设,另一种是钻孔后埋设。

(1) 绑扎预埋设:主要用于桩墙体深层挠曲测试,埋设时将测斜管在现场组装后绑扎固定在桩墙钢筋笼上,随钢筋笼一起下到孔槽内,并将其浇筑在混凝土中,随结构加高的同时接长测斜管。浇筑之前应封好管底底盖,并在测斜管内注满清水,以防止在浇筑混凝土时测斜管浮起或渗入水泥浆。

(2) 钻孔后埋设:首先在土层中预钻孔,孔径略大于所选用测斜管的外径,然后将测斜管封好底盖逐节组装放入钻孔内,并同时在测斜管内注满清水,直到预定的标高为止。随后在测斜管与钻孔之间的空隙内回填细砂,或以水泥和黏土拌和的材料固定测斜管,配比取决于土层的力学性质。

(3) 为了消除导管周围土体变形对导管产生的负摩擦影响,还可在管外涂润滑剂等。

(4) 在可能的情况下,应尽量将导管底埋入硬层,作为固定端,否则应校正导管顶端。

(5) 测斜管埋设完成后,需经过一段时间使钻孔中的填土密实,贴紧导管,并测量测斜管导槽的方位、管口坐标及高程。

(6) 要及时做好测斜管的保护工作,如在测斜管外局部设置金属套管加以保护,在测斜管管口处砌筑窨井,并加盖(未加入)。

【实验原理】

将测斜管划分成若干段,由测斜仪测量不同测段上测头轴线与铅垂线之间倾

角 θ,进而计算各测段位置的水平位移,如图 6.3 所示。

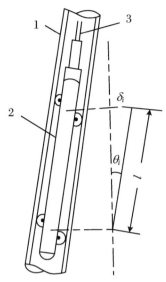

图 6.3　倾斜角与区间水平变位
1. 导管;2. 测头;3. 电缆。

由测斜仪测得第 i 测段的 $\Delta \varepsilon_i$,换算得该测段的测斜管倾角 θ_i,则该测段的水平位移 δ_i 为

$$\sin \theta_i = f \Delta \varepsilon_i \tag{6.1}$$

$$\delta_i = l_i \sin \theta_i = l_i f \Delta \varepsilon_i \tag{6.2}$$

式中,δ_i:第 i 测段的水平位移,mm;l_i:第 i 测段的管长,通常取为 0.5 m、1.0 m;θ_i:第 i 测段的倾角值,°;f:测斜仪率定常数;0.000047;$\Delta \varepsilon_i$:测头在第 i 测段正、反两次测得的应变读数差之半,$\Delta \varepsilon_i = \dfrac{\varepsilon_i^+ - \varepsilon_i^-}{2}$。

基准点可设在测斜管的管顶或管底。若测斜管管底进入基岩或较深的稳定土层,则以管底作为基准点。对于测斜管底部未进入基岩或埋置较浅的,可将管顶作为基准点,每次测量前须用经纬仪或其他手段确定基准点的坐标。

当测斜管管底进入基岩或足够深的稳定土层时,则认为管底不动,可作为基准点(图 6.4(a)),从管底向上计算第 n 测段处的总水平位移:

$$\Delta_i = \sum_{i=1}^{n} \delta_i = \sum_{i=1}^{n} l_i \cdot \sin \theta_i = f \sum_{i=1}^{n} l_i \cdot \Delta \varepsilon_i \tag{6.3}$$

当测斜管管底未进入基岩或埋置较浅时,可将管顶作为基准点(图 6.4(b)),实测管顶的水平位移 δ_0,并由管顶向下计算第 n 测段处的总水平位移:

$$\Delta_i = \delta_0 - \sum_{i=1}^{n} \delta_i = \delta_0 - \sum_{i=1}^{n} l_i \cdot \sin \theta_i = \delta_0 - f \sum_{i=1}^{n} l_i \cdot \Delta \varepsilon_i \tag{6.4}$$

由于埋设测斜管时不可能使得其轴线为铅垂线,埋设好测斜管后,总存在一定的倾斜或挠曲,因此,各测段处的实际总水平位移 Δ'_i 应该是各次测得的水平位移与测斜管的初始水平位移之差,即

$$\Delta'_i = \Delta'_i - \Delta'_{0i} = \sum_{i=1}^{n} l_i \cdot (\sin \theta_i - \sin \theta_{0i}) \quad \text{(以管底作为基准点)} \quad (6.5)$$

$$\Delta'_i = \Delta'_i - \Delta'_{0i} = \delta_0 - \sum_{i=1}^{n} l_i \cdot (\sin \theta_i - \sin \theta_{0i}) \quad \text{(以管顶作为基准点)} (6.6)$$

式中,θ_{0i}:第 i 测段的初始倾角值,°。

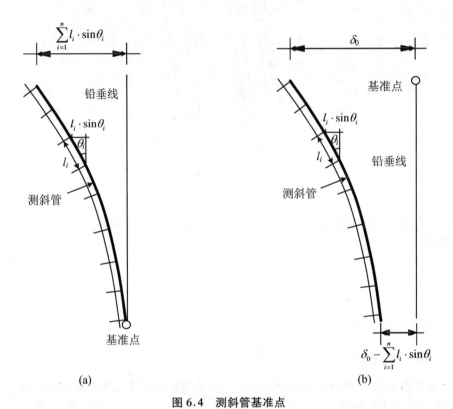

(a)   (b)

图 6.4 测斜管基准点

测斜管可以用于测单向位移,也可以测双向位移,测双向位移时,可由两个方向的位移值求出其矢量和,得出位移的最大值和方向。

【实验步骤】

(1) 将电缆线与测读仪连接,测头的感应方向对准水平位移方向的导槽,自基准点管顶或管底逐渐向下或向上,每 50 cm 或 100 cm 测出一个测斜管的倾角。

(2) 测头放入测斜管底部静置 2～3 min,待测读仪读数稳定后,提升电缆线至欲测位置。每次应保证在同一位置上进行测读。

(3) 将测头提升至管口处,旋转 180°,再按上述步骤进行测量。这样可消除测

斜仪本身的固有误差。

【实验数据处理与结果分析】

土体深层水平位移测量数据记录于表 6.2 中。

表 6.2　土体深层水平位移测量记录表

工程名称：

测量日期：　　　年　　月　　日　　位置：　　　　仪器型号：　　　　管口标高：

标高(m)	初测值	观测值		差值	变化值 Δd	$\sum \Delta d$	累计位移 (mm)	本次位移 (mm)	备注
		正向	负向						

测记：　　　　　　　　复核：　　　　　　　　技术负责：

测斜仪得到的数据可以绘制直观的曲线以供分析：位移-深度-时间曲线即位移随时间、深度变化的过程线。每一测斜孔深度（即测点）都可以绘制自己的过程线。通常需绘制地表或最大位移深度面上的累计（或相对）位移-时间曲线。

【实验要求及注意事项】

（1）应防止污泥进入测斜管连接部分，导管与钻孔壁之间应用砂充填密实。

（2）为了避免测斜管的纵向旋转，应采用凹凸式插入法，在连接管节时必须将上、下管节的滑槽严格对准，并用自攻螺丝固定使纵向的扭曲降低到最小。放入导管时，注意十字形槽口应对准所测的水平位移方向。

（3）测斜仪属于精密仪器，应当轻拿轻放，特别是测头中的传感器是石英挠性伺服加速度计,耐冲击仅为 1 N,在受到硬碰硬的撞击时,就可能损坏传感器。

电阻应变式测斜仪不得倒置存放或移动。

(4) 量测时应保持前后两次测量的测点位置相同。

【思考题】

(1) 测斜管应在基坑开挖 1 周前埋设,埋设时应符合哪些要求?

(2) 土体深层水平位移监测可能受哪些因素影响?

(3) 土体深层水平位移监测的意义是什么?

(4) 请比较固定式测斜仪和活动式测斜仪的监测方式有何异同。

参 考 文 献

[1] 顾培英,昊亚忠,邓昌.基坑深层土体水平位移监测彰响因素浅析[J].监测与分析,2006,10(6):76-78.

[2] 刘金龙,朱建群,王吉利,等.测斜仪在路基水平位移监测中的若干问题探讨[J].湖南科技大学学报(自然科学版),2007,22(3):71-74.

[3] 吴铭江,陶记昆.测斜管导槽的扭转问题[J].大坝观测与土工测试,1995,19(3):15-18.

[4] 刘利民,张建新.深基坑开挖监测时测斜管不同埋设位置量测结果的比较[J].勘察科学技术,1995(6):37-39.

第二篇

水文与工程地质钻探实验

钻机是完成钻进施工的主机,根据回转器类型,主要分为立轴式钻机、转盘式钻机和动力头式钻机三种;根据岩土钻掘工程的目的和施工对象不同,又可分为岩心钻机、水文钻机、工程钻机、坑道钻机、地热钻机、油气钻机等。本篇主要通过对立轴式钻机、转盘式钻机、动力头式钻机及抽水实验设备等各类钻探设备的观察和操作实验,使学生了解钻机的分类方法及不同类型钻机的典型代表,掌握各类钻探设备的组成、基本结构和操作方法,以达到能对钻井设备进行评、选、用的目的。

第七章　立轴式钻机

【实验目的】

（1）了解立轴式钻机的典型代表,了解立轴式钻机发展历程和工程应用,培养学生民族自信心和自豪感。

（2）熟悉立轴式钻机的组成、传动系统和回转系统的工作原理,培养学生创新意识和创新思维,"唯创新者进、唯创新者强、唯创新者胜"。

（3）熟悉立轴式钻机的挡位、升降、卡夹及称重操作,培养学生坚持理论和实践辩证统一,运用辩证唯物主义世界观看待问题的能力。

【实验设备】

XY-1 钻机 1 套,XY-4 钻机 1 套。

【实验原理】

立轴式钻机是地质钻探中最常用的回转式钻机,这种钻机的回转机构有一段较长的立轴（1 m 左右）,用其带动钻具回转,实现给进并导正钻具,故名立轴式钻机。立轴式钻机的生产厂家众多,产品型号、命名代号有所差异,钻机最大钻进深度 100～3000 m 不等,其中以千米钻机应用最为广泛。本实验将以 XY-1 钻机（钻进深度 100 m）和 XY-4 钻机（钻进深度 1000 m）为例,学习钻机的结构特点和常用操作。

XY-4 型钻机是应用最广泛的立轴式钻机,钻进深度 1000 m,如图 7.1 所示,适用于搭配金刚石或硬质合金钻进进行固体矿产勘探,也可用于工程地质勘察、浅层石油、天然气、地下水钻探,还可用于坑道通风、排水和堤坝灌浆等工程孔钻进。XY-4 型钻机主要由机械传动系统和液压传动系统两部分组成。

1. 机械传动系统

机械传动系统包括:摩擦离合器、变速箱、万向轴、分动箱、回转器、升降机以及构成回转器传动链、升降机传动链和液压泵传动链,如图 7.2 所示。

（1）摩擦离合器由主动件、从动件、压紧分离机构、操纵机构及调隙机构组成。摩擦离合器的功能有 3 个:① 接通和切断钻机的动力。② 在钻机变速和分动操作中或在完成套岩心与扭断岩心等特殊操作时进行微动操作。③ 当钻机超载时,利用摩擦片打滑起过载保护作用。

图 7.1　XY-4 钻机

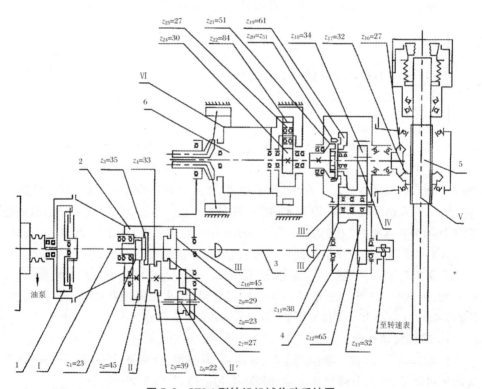

图 7.2　XY-4 型钻机机械传动系统图

1. 摩擦离合器;2. 变速箱;3. 万向轴;4. 分动箱;5. 回转器;6. 升降机;Ⅰ. 变速箱输入轴;
Ⅱ. 变速箱中间轴;Ⅱ′. 变速箱倒挡轴;Ⅲ. 变速箱输出轴;Ⅲ′. 钻机分动箱中间轴;Ⅳ. 钻机分动箱横轴;Ⅴ. 立轴;Ⅵ. 升降机卷筒。

（2）变速箱由工作机构和换挡机构（变速机构）组成。工作机构包括 4 根轴和 5 对齿轮，可输出 3 个正转转速和 1 个反转转速，如图 7.3 所示。变速箱的功能是变更回转器和升降机的转速和扭矩。

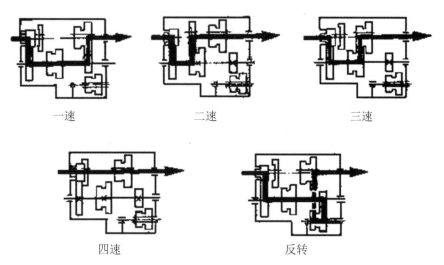

一速　　　　　　　　　二速　　　　　　　　　三速

四速　　　　　　　　　反转

图 7.3　XY-4 钻机变速箱挡位齿轮配合关系

（3）万向轴的作用是降低变速箱和分动箱装配时对中的精确度要求，以方便拆卸。故 XY-4 具有 6 个正转转速和 2 个反转转速。

（4）分动箱的功能是将变速箱传来的动力分配给回转器和升降机，并使它们同时或分别回转。相对于变速箱，分动箱是一个两速变速箱。变速箱输出轴与分动箱之间采用万向轴连接。

（5）回转器主要由箱壳、横轴、锥齿轮副、立轴导管、立轴及卡盘等组成。回转器的功能是传递动力，使钻具以不同转速和扭矩做正转或反转，并导正钻具方向。

（6）升降机的主要组成部分包括传动机构、卷筒和制动器。主要功能是升降钻具、套管和悬挂钻具，在处理事故时进行强力起拔等。XY-4 立轴钻机采用行星传动式升降机，如图 7.4 所示。

提升钻具时，刹紧提升抱闸，同时松开制动抱闸。

制动钻具时，刹紧制动抱闸，下降制动盘，同时松开提升抱闸。

下降钻具时，同时松开提升抱闸和制动抱闸，钻具在自重作用下下降。

微动升降时，即慢速控制升降工况，制动抱闸和提升抱闸不同时刹死，制紧程度配合得当。

2. 液压传动系统

液压传动系统包括动力元件、执行元件、控制元件和其他辅助元件，如图 7.5 所示。

（1）动力元件：XY-4 型钻机采用 CB-33/80 型定量齿轮泵，作用是将原动机输出的机械能转化成液压能,向液压系统提供压力油,驱动液动机。

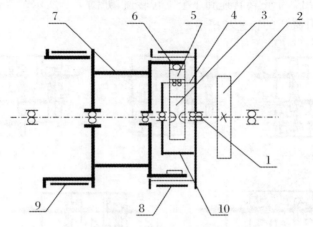

图 7.4   XY-4 立轴钻机行星传动式升降机结构示意图

1. 升降机轴;2. 升降机传动齿轮;3. 中心轮;4. 行星轮轴;5. 行星轮;

6. 内齿圈;7. 卷筒;8. 提升抱闸;9. 制动抱闸;10. 行星轮架。

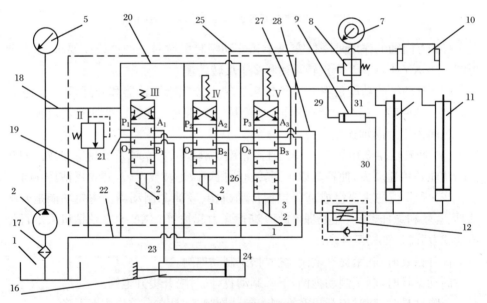

图 7.5   XY-4 型钻机液压系统原理图

1. 油箱;2. 液压泵;5. 压力表;7. 孔底压力指示表;8. 限压切断阀;9. 梭阀;
10. 液压卡盘;11. 立轴给进液压缸;12. 给进控制阀;16. 移动钻机液压缸;
17. 滤油器;18~31. 油管;Ⅱ. 调压溢流阀;Ⅲ. 钻机移位换向阀;Ⅳ. 卡盘控
制阀;Ⅴ. 给进油缸换向阀;B_2. 腔连接拧管机操纵阀(P、O、A、B 分别为液压
阀油口,液压阀控制端数字 1、2、3 分别表示阀芯位置)。

（2）执行元件：XY-4型钻机执行元件包括给进液压缸、卡盘液压缸、移动钻机液压缸及拧管机的液压马达。其作用是将液压能转换为机械能,完成钻机的各项动作。

（3）控制元件：控制元件由压力控制阀、流量控制阀、方向控制阀组成。控制元件的作用是控制液压系统的压力、流量和流向,以保证执行元件得到所要求的力、速度和液流方向。

（4）其他辅助元件：XY-4型钻机液压系统辅助元件包括开式油箱、滤油器、油管、压力表、孔底压力指示表等。

钻具称重有封闭称重法和减压称重法两种。减压称重法首先将换向阀 V 置于"2"位,微调阀Ⅱ,使钻具提离孔底一定高度,再将换向阀 V 置于"3"位（钻具称重位置）。液压缸下腔的总压力就是孔内钻具的重量。减压称重法换向阀 V 的手柄扳到"立轴上升"位置"2"后,微调阀Ⅱ,使钻具提离孔底一定高度,再微调阀Ⅱ,降低液压使钻具刚能下降,取孔底压力指示表所示临界值,再调阀Ⅱ,增加液压到立轴刚能上升时,取表中所示临界值,由于密封装置和孔内的阻力,后者大于前者,取两者的平均值为钻具重量。

【实验步骤】

（1）查阅资料,了解工程勘察钻机的种类、分类依据及每一类钻机的典型代表。

（2）观察 XY-4 钻机,认识 XY-4 钻机的机械传动系统、回转系统、升降系统,描述各部分的功能和工作原理。

（3）操纵 XY-4 钻机升降系统抱闸,完成提升钻具、制动钻具、下降钻具和微动升降动作。

（4）悬挂一根或多根钻杆,操纵 XY-4 给进油缸控制阀,完成钻具封闭称重和减压称重。

【实验数据处理与结果分析】

将钻具称重测得的数据填入表7.1中。

表 7.1 钻具称重数据记录表

称重方法	质量（kg）			误差分析
封闭称重				
减压称重	上升临界质量	下降临界质量	钻具质量	

【案例分析】

XY-1 型钻机在水平钻孔施工中的应用

经过调整倾斜角后的 XY-1 钻机,可在黏土地基进行水平钻孔,实现穿越已有道路、铁路等设施的管线敷设施工。下面以韶钢 4 号烧结机供电总线路工程水平钻孔施工为例进行介绍,施工平面、剖面示意图如图 7.6 所示。安徽理工大学校内实习场地 XY-1 型钻机如图 7.7 所示。

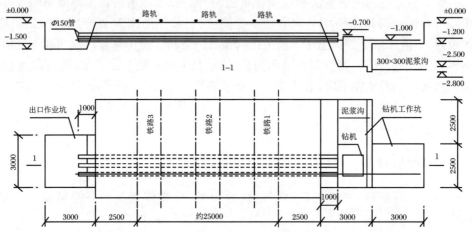

图 7.6 韶钢 4 号烧结机供电总线路工程水平钻孔平面、剖面示意图

注:平面图尺寸为 mm;剖面图带三角符号的为标高投影,单位为 m。书中工程制图中无特殊说明,均是此含义,不再标注单位。

图 7.7 安徽理工大学校内实习场地 XY-1 型钻机

施工方法如下:

(1) 将 XY-1 型钻机吊入工作坑,根据设计标高,在钻孔处确定安装钻机的钻杆水平定向支座。

(2) 将钻机立式钻杆调为水平角度,用直径 65 mm 的金刚石钻头先从钻机侧向另一侧钻孔并穿越,然后将 DN 50 镀锌钢管穿进孔中,作为纵、横向定位之用。

(3) 根据设计孔洞直径,选用相应直径的三翼金刚石钻头,同时截一段 500 mm 长且与孔洞直径相同的钢管与钻头底端座水平对焊,然后将钻头另一端与孔中 DN 50 钢管水平对接,并在出口侧的作业平台内将 DN 50 钢管水平定位,以保证钻头和定位钢管在旋进过程中不产生下沉或偏移。

(4) 开始由钻机侧向出口侧钻进,钻杆每钻进 1000 mm,就在出口侧把伸出的 DN 50 钢管截除,重复操作,直到三翼金刚石钻头整个穿越为止。

(5) 孔洞钻穿后,在出口侧将钢丝绳系在钻杆上,退出钻杆时将钢丝绳拉到钻机侧。

(6) 在出口侧安装卷扬机,用钢丝绳从起钻侧将需敷设的管道或电缆牵引过来;若是管道敷设,还可利用钻机进程控制钻杆推动钢管前进。

(7) 用 BW-150/1.5 型钻探泥浆泵将管道与孔洞间隙灌满水泥砂浆,并固化。

(8) 回填基坑,清理场地。

【实验要求及注意事项】

(1) 随时注意检查各部分螺栓、螺帽接头的连接情况是否牢固可靠;钻进过程中听从师傅安排,钻具下方严禁站人;实验过程中必须佩戴安全帽。

(2) 机器的保养和润滑:每个工作班结束时,都必须把机器表面的污物清除干净。严禁在工作表面大拆大卸(拆成组件便于搬运的情况例外),以免丢失零件和损坏零件的关键部位。钻杆接头和减速器用黄油润滑。

【思考题】

(1) XY-4 型立轴式钻机的优缺点分别是什么?

(2) XY-4 型立轴式钻机能在哪些方面做出改进,怎么实现?

(3) 在工程勘察中,哪些工程适合选用立轴式钻机?

参 考 文 献

[1] 鄢泰宁.岩土钻掘工程学[M].武汉:中国地质大学出版社,2001.

［2］　赵大军.岩土钻掘设备［M］.长沙:中南大学出版社,2010.

［3］　鄢泰宁.岩土钻掘工艺学［M］.长沙:中南大学出版社,2014.

［4］　张惠.岩土钻凿设备［M］.北京:人民交通出版社,2009.

［5］　李俊龙,李成,胡贵平.XY-1 型岩心钻机在水平钻孔施工中的应用［J］.南方金属,2009(6):51-53.

第八章 动力头式钻机

【实验目的】

(1) 了解煤矿井下钻机的种类及结构特点。

(2) 熟悉 ZDY12000LD 型煤矿用履带式全液压坑道钻机的结构组成和各部件的工作原理,强调创新是引领发展的第一动力,培养学生的创新意识和创新思维。

(3) 熟悉 ZDY12000LD 型煤矿用履带式全液压坑道钻机回转器回转和给进操作过程、俯角仰角调节方法,培养学生精益求精、一丝不苟、专注、坚持、专业、敬业的"工匠精神"。

【实验设备】

ZDY12000LD 型煤矿用履带式全液压坑道钻机一台。

【实验原理】

动力头式钻机又称移动回转器式钻机,是当前钻机生产厂商的主推钻机类型,型号多且已成序列。特别是随着近年来机电液技术不断发展,全液压动力头式结构在岩心钻机、大口径钻机、水文水井钻机、工程勘察钻机、坑道钻机、非开挖及锚固钻机上得到广泛应用。本实验将以 ZDY12000LD 型煤矿用履带式全液压坑道钻机为例,学习钻机的结构特点和常用操作。

ZDY12000LD 型煤矿用履带式全液压坑道钻机是一款整体式大功率深孔定向钻机,适用孔底马达定向钻进、孔口回转钻进以及复合钻进等多种施工工艺。可用于煤矿瓦斯抽采钻孔施工,也可用于井下探放水、地质构造和煤层厚度探测、煤层注水、顶底板注浆等各类高精度定向钻孔的施工,其外形如图 8.1 所示。

ZDY12000LD 型钻机为两体履带式布局,分为钻车和泵车两部分。钻车由主机、操纵台、泵站、履带车体、稳固装置、防爆电脑、踏板七部分组成。

钻机主机由回转器、给进装置、夹持器和调角装置组成,如图 8.2 所示。

(1) 回转器由液压马达、变速箱、液压卡盘和主轴制动装置等组成。液压马达为液控变量斜轴式柱塞马达,可通过调节马达排量实现回转器的无级变速。液压马达通过齿轮减速带动主轴和液压卡盘回转。液压卡盘为油压夹紧、弹簧松开的

图 8.1　ZDY12000LD 型煤矿用履带式全液压坑道钻机

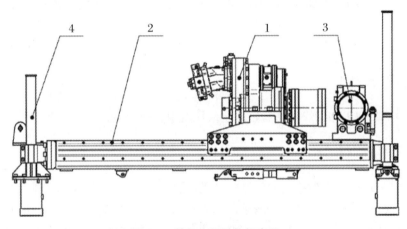

图 8.2　钻机主机结构示意图

1. 回转器；2. 给进装置；3. 夹持器；4. 调角装置。

胶筒式结构，具有自动对中、卡紧力大等特点。回转器采用卡槽式结构，卡装在给进装置的拖板上，给进油缸带动拖板沿机身导轨往复运动，实现钻具的给进或起拔。

（2）给进装置采用 V 形导轨，由两根并列的给进油缸、机身和拖板组成。给进油缸采用双杆双作用结构，活塞杆两端与机身的两端固定。缸体上的卡环卡在拖板的挡块之间，缸体在活塞杆上往复运动即可带动拖板沿机身导轨移动，进而带动回转器移动。

（3）夹持器固定在给进装置机身的前端，用于夹持孔内钻具及与回转器配合进行机械拧卸钻杆。

（4）调角装置主要由 2 个调角多级油缸、横梁、立柱、中撑杆和斜撑等部件组成。当需要调整仰角时，首先拧松斜撑上的螺钉和中撑杆上的螺钉，然后通过操纵台上的操作手把来控制给进装置前部的多级调角油缸的伸缩，从而实现对整机仰角的调整；当需要进行俯角调整时，首先拧松横梁上的螺钉和中撑杆上的螺钉，然后通过主操纵台上的操作手把来控制给进装置尾部的多级调角油缸的伸缩，从而实现对整机俯角的调整。

【实验步骤】

（1）查阅资料，了解动力头式钻机的结构特点和优缺点。

（2）观察 ZDY12000LD 型煤矿用履带式全液压坑道钻机，认识钻机主机的回转器、给进装置、夹持器和调角装置，描述各部分的功能和工作原理。

（3）操纵 ZDY12000LD 型钻机调角装置，完成 3 次整机仰角和俯角调整，并记录数据。调整仰角时，首先拧松斜撑上的螺钉和中撑杆上的螺钉，然后通过操纵台上的操作手把来控制给进装置前部的多级调角油缸的伸缩，从而实现对整机仰身的调整。调整俯角时，首先拧松横梁上的螺钉和中撑杆上的螺钉，然后通过主操纵台上的操作手把来控制给进装置尾部的多级调角油缸的伸缩，从而实现对整机俯角的调整。

【实验数据处理与结果分析】

将钻机调角装置的操纵数据填入表 8.1 中。

表 8.1　钻具称重数据记录表

	角度(°)		
仰角			
俯角			

【案例分析】

ZDY4000S 全液压坑道钻机在煤矿高位钻孔中的应用

海孜煤矿主要生产活动集中在中间煤组（7、8、9 煤层）和下层煤组（10 煤层），其中 7、8、9、10 层煤为主采煤层，地层倾角 5°～20°，平均 9°。穿层钻孔施工地点为Ⅱ1024 高位抽放巷，该煤矿采区的煤层厚度为 2.7 m，煤层倾角为 13°～23°，平均倾角为 20°。钻孔间距 60～100 m，钻孔直径准 113 mm，钻孔深度 200 m。钻孔设计如图 8.3 所示。安徽理工大学校内实习场地的煤矿井下钻机如图 8.4 所示。

施工设备：施工设备及钻具主要包括 ZDY4000S 全液压坑道钻机、BW-250 泥浆泵及配套准 73 mm 外平钻杆、准 110 mm 扶正器和准 113 mm 复合片内凹三翼钻头。

施工工艺：整个钻进过程均采用加压钻进方式。每一次停钻、停水，必须将钻头提离孔底，将孔底冲净，避免二次开钻时孔底残存岩屑损坏钻头刃，降低钻头的使用寿命,进而影响钻孔施工效率。在正常钻进前,首先开泵,待冲洗液从孔底返水后,慢转速、小给进压力,待钻头适应地层后方能正常钻进。

高位水平长钻孔的抽放效果:矿井工作面 10 月 1 日正式投产,瓦斯抽放钻孔于 11 月 9 日开始抽放瓦斯。当工作面推进 49 m 时,瓦斯浓度平均为 10%,瓦斯抽放纯流量为 1.46 m³/min;当工作面推进 106 m 时,抽放瓦斯浓度达到 90%,瓦斯抽放纯量达到 7.31 m³/min;当工作面推进至 116 m 时,抽放瓦斯浓度为 55%,抽放纯流量为 7.31 m³/min。

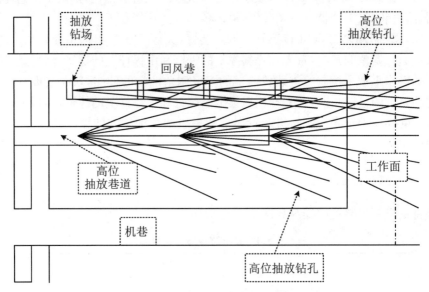

图 8.3 高位水平长钻孔设计图

图 8.4 安徽理工大学校内实习场地的煤矿井下钻机

【实验要求及注意事项】

实验前检查钻机各部件。实验中随时注意检查各部分螺栓、螺帽接头的连接情况是否牢固可靠;钻进过程中听从师傅安排,钻具下方严禁站人;实验过程中必须佩戴安全帽。

机器的保养和润滑:每个工作班结束时,都必须把机器表面的污物清除干净。严禁在工作表面大拆大卸(拆成组件便于搬运的情况例外),以免丢失零件和损坏零件的关键部位。钻杆接头用黄油润滑。

【思考题】

(1) ZDY12000LD 型钻机的优缺点分别是什么?

(2) 设计煤矿机械与设计其他工况用钻机相比,需注意哪些问题?

(3) 立轴式钻机、转盘式钻机和动力头式钻机的区别在哪些方面?

参 考 文 献

[1] 鄢泰宁.岩土钻掘工程学[M].武汉:中国地质大学出版社,2001.

[2] 赵大军.岩土钻掘设备[M].长沙:中南大学出版社,2010.

[3] 中煤科工集团西安研究院有限公司煤炭科学研究总院西安研究院[ED/OL]. http://www. cctegxian. com/html/news/2018-3-21/791. html, 2019.5.

[4] 张宏钧.ZDY4000S 全液压坑道钻机在煤矿高位钻孔中的应用技术研究[J]. 煤矿机械,2015,36(5):66-68.

第九章　转盘式钻机

【实验目的】

（1）了解转盘式钻机的结构特点及适用工程，在学习工程案例中强调"绿水青山就是金山银山"的发展理念。

（2）熟悉 SPC-300H 型水文水井钻机的结构组成、各部件作用原理，强调"关键核心技术是要不来、买不来、讨不来的"，培养学生自主创新的意识。

（3）熟悉 SPC-300H 型水文水井钻机的回转钻进、冲击钻进工作原理。

【实验设备】

SPC-300H 型水井钻机一台。

【实验原理】

转盘式钻机的转盘通过主动钻杆带动钻具回转，主动钻杆通常为方钻杆，此型钻机主要用于石油钻井、水井、地热井及大口径工程施工等的低转速大扭矩钻进。此外，一些轻便的工程地质勘察钻机也使用小转盘作为回转器。近年来，随着动力头式钻机的不断发展，转盘式钻机正在逐渐退出市场。本实验将以 ZDY12000LD 型煤矿用履带式全液压坑道钻机为例，学习钻机结构特点和常用操作。

SPC-300H 型水文水井钻机是一种车装回转、冲击钻进两用复合式钻机。所有部件均装在黄河牌载重汽车上。钻机以汽车发动机为动力，主传动为机械传动，部分为液压操纵，部分为机械操纵，最大钻进深度 300 m，整体外形如图 9.1 所示。

机械传动系统钻机的主传动为机械传动，如图 9.2 所示。钻机组成部件包括：传动箱、变速箱、转盘、卷扬机、冲击机构、导向加压机构、桅杆、泥浆泵等。汽车发动机的动力经离合器、变速器的第二轴输入传动箱，再经传动箱的滑动双联齿轮，可分别输入汽车后桥驱动器和变速箱。

传动箱的作用为将汽车动力引出，并分别传至汽车驱动桥或钻机传动系统、油泵及泥浆泵。变速箱是由 8 根轴、20 个齿轮组成的两个互不干扰的变速组，分别实现转盘、升降机和冲击机构不同转速的动力传递，可为转盘提供三级正转转速和一级反转转速，为卷扬机提供三级正转转速。

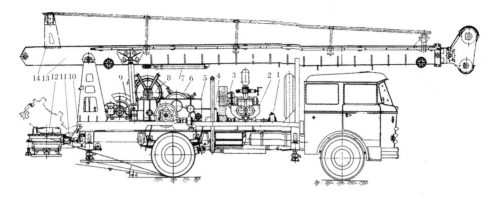

图 9.1 SPC-300H 型水文水井钻机外形简图

1. 导向架;2. 桅杆;3. 转盘;4. 卸管油箱;5. 汽车底盘;6. 冲击机构;7. 副升降机;
8. 加压油缸;9. 主升降机;10. 减速箱;11. 变速箱;12. 泥浆泵减速箱;13. 泥浆
泵;14. 传动箱。

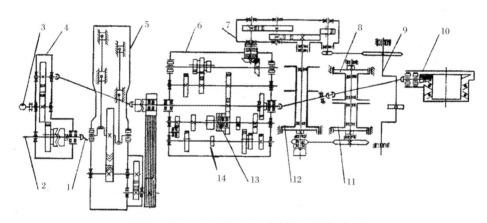

图 9.2 SPC-300H 型水文水井钻机机械传动系统

1. 至汽车后桥驱动轴;2. 发动机动力输出轴;3. 油泵;4. 传动箱;5. BW600/30 泥
浆泵;6. 变速箱;7. 减速箱;8. 工具升降机;9. 冲击机构;10. 转盘;11. 抽筒升降
机;12. 主升降机;13. 转盘离合器;14. 转盘制动器。

　　SPC-300H 型钻机转盘为壳体定心式,如图 9.3 所示,动力经万向轴输入横轴。
横轴端部通过花键连接小锥齿轮。转盘的大锥齿轮用平键和螺钉固定连接于转台
上,并与小锥齿轮啮合。拨杠中心部分为方形孔,相应的方形断面的主动钻杆插入
其中,从而驱动钻具回转。

　　冲击机构靠钢丝绳悬挂钻具,使之上下运动对孔底进行冲击钻进,其结构如图
9.4 所示。在冲击器与升降机之间安装一导绳轮,钢丝绳可以从其上部或下部绕
过,从而可得大、小两种冲程。钢丝绳从导绳轮的上部绕过时为大冲程,从下部绕
过时(虚线)为小冲程,如图 9.5 所示。

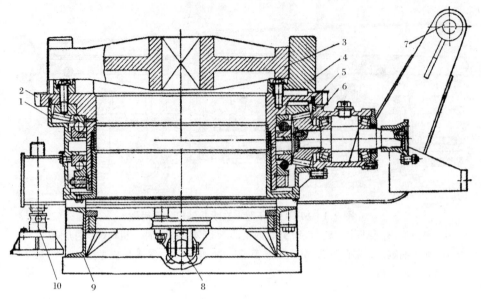

图 9.3 转盘结构图

1. 壳体；2. 转台；3. 拨杠；4. 拨柱；5. 大伞形齿轮；6. 小锥形齿轮；

7. 轴销；8. 油缸；9. 底座；10. 千斤顶。

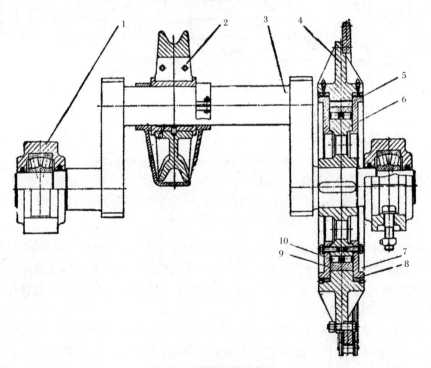

图 9.4 冲击机构结构图

1. 轴承座；2. 绳轮；3. 曲轴；4. 大链轮；5. 键；6. 爪轮；7. 螺栓；8. 连接压板；9. 套筒；10. 滚柱。

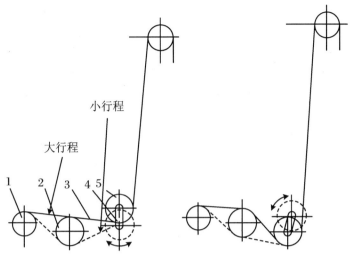

图 9.5　冲击机构钢绳布置方式

1. 主卷扬卷筒；2. 导轮；3. 钢绳；4. 曲轴；5. 冲击绳轮。

冲击机构的原理是：动力从大链轮输入，带动套筒旋转，使滚柱楔紧于套筒与爪轮之间，靠摩擦力矩驱动曲轴转动。由于曲轴的转动使压绳轮逼迫钢丝绳将钻具提离孔底；当大链轮带动曲轴转动使钻具提引达到最大高度位置之后，在钻具自重作用下开始下落，而且下落的速度越来越大，致使曲轴-爪轮的瞬时转速超过大链轮的转速，从而使爪轮迅速摆脱大链轮的控制（即离合器呈分离状态），使钻具近似于自由落体的速度下落，以较大的加速度向孔底冲击，获得大的冲击功，以破碎岩石。冲击钻进如此反复地进行工作。

【实验步骤】

（1）查阅资料，了解转盘钻机的结构特点和适用工况。

（2）观察 SPC-300H 型水文水井钻机，认识 SPC-300H 型钻机的机械传动系统、回转系统、升降系统、冲击机构，描述各部分的功能和工作原理。

（3）操纵 SPC-300H 型水文水井钻机冲击机构，分别完成大、小冲程的冲击钻进。

【实验数据处理与结果分析】

根据观察情况，绘制 SPC-300H 型水文水井钻机的冲击机构简图，并描述冲击机构的工作原理。

【实验要求及注意事项】

实验前检查钻机各部件。实验中随时注意检查各部分螺栓、螺帽接头的连接情况是否牢固可靠;钻进过程中听从师傅安排,钻具下方严禁站人;实验过程中必须佩戴安全帽。

机器的保养和润滑:每个工作班结束时,都必须把机器表面的污物清除干净。严禁在工作表面大拆大卸(拆成组件便于搬运的情况例外),以免丢失零件和损坏零件的关键部位。钻杆接头和减速器用黄油润滑。

【思考题】

(1) SPC-300H 型转盘式水文水井钻机的优缺点分别是什么?

(2) SPC-300H 型转盘式水文水井钻机能在哪些方面做出改进,怎么实现?

(3) 在水文水井钻探中,使用车载钻机与散装钻机各有哪些利弊?

(4) 水文水井使用的转盘钻机与石油钻井中使用的传统转盘钻机有哪些区别?

参 考 文 献

[1] 鄢泰宁.岩土钻掘工程学[M].武汉:中国地质大学出版社,2001.

[2] 赵大军.岩土钻掘设备[M].长沙:中南大学出版社,2010.

[3] 鄢泰宁.岩土钻掘工艺学[M].长沙:中南大学出版社,2014.

[4] 张惠.岩土钻凿设备[M].北京:人民交通出版社,2009.

第十章　抽水实验设备

【实验目的】

(1) 了解抽水实验设备的组成及各部分的作用,基于抽水实验的目的和意义,强调水资源短缺现状,了解我国水资源管理"三条红线"政策。

(2) 掌握长轴深井泵的泵体、输水管和传动装置的结构特点及工作原理。

(3) 掌握深井潜水泵的水泵、电机、进水和密封装置四部分的结构特点及工作原理。

(4) 掌握圆孔式骨架过滤器、条缝式骨架过滤器、缠丝过滤器、包网过滤器、砾石过滤器的结构特点及适用条件。

【实验设备】

江苏苏华 JC 型长轴深井泵、上海奥丰 QJ 深井潜水泵、圆孔式骨架过滤器、条缝式骨架过滤器、缠丝过滤器、包网过滤器、砾石过滤器。

【实验原理】

长轴深井泵通常是由单个或多个离心式或混流式叶轮和导流壳、扬水管、传动轴、泵座、电机等部件组成的立式泵。泵座和电机位于井口(或水池)上部,电机的动力通过与扬水管同心的传动轴传递给叶轮轴,产生流量、扬程。

JC 型长轴深井泵由三大部分组成,即:工作部分(进水管和底阀)、扬水部分及井上部分,其结构如图 10.1 所示。① 工作部件由上壳、中壳、下壳、叶轮、壳轴套和导轴承、叶轮轴等零件组成。叶轮为封闭式(也可采用半开式),在壳体上镶有密封环,以便在磨损后更换。壳体之间用螺栓连接。扬水管为法兰连接,工作部上端装有短管以利于吊装。② 扬水部分由扬水管、传动轴、联轴器和轴承体等部件组成,扬水管有法兰连接和螺栓连接两种形式,传动轴上有一段镀有硬铬,有效长度为轴承长度的两倍,当传动轴镀铬处磨损后,可调换短传动轴(对法兰连接的扬水管)或短管(长螺纹连接的扬水管)的安装位置,即可再次使用。③ 井上部分是由泵座、传动装置、原动机等部件组成。泵座承受全部扬水管和工作部分的重量,泵座出口处根据需要可安装闸阀及逆止阀,并与出水管路相连。传动装置是将原动

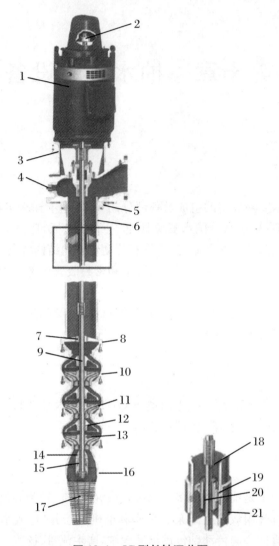

图 10.1　JC 型长轴深井泵

1. 电机;2. 调整螺母;3. 泵座;4. 预润丝堵;5. 进水法兰;6. 上短管;7. 上壳轴承;8. 出水壳;
9. 叶轮轴;10. 中壳;11. 叶轮;12. 中壳轴承;13. 锥套;14. 防砂杯;15. 下壳轴承;16. 下壳;
17. 滤水管/滤水网;18. 传动轴;19. 轴承支架;20. 支架轴承;21. 扬水管、连管器。

机的动力传递给传动轴的中间装置,有皮带轮传动装置、齿轮传动装置、配普通立式点击需要的推力装置等。深井泵采用的原动机通常是深井泵专用立式空心轴电机,同时可采用普通立式电机、内燃机等。

　　QJ 型井用潜水泵是电机和水泵直接一体潜入水中作业的提水机具,由水泵、潜水电机(包括电缆)、输水管和控制开关四大部分组成,其结构如图 10.2 所示。潜水泵为单吸多级立式离心泵,潜水电机为密闭充水湿式、立式三相鼠笼异步电动

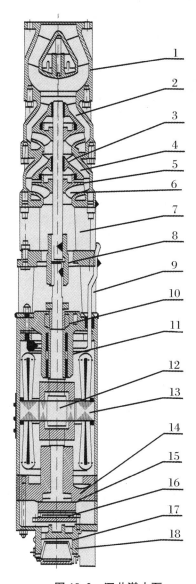

图 10.2　深井潜水泵

1. 逆止阀；2. 上导流壳；3. 橡胶轴承套；4. 导流壳；5. 锥形套；6. 叶轮；
7. 进水节；8. 联轴器；9. 法兰；10. 油封；11. 上导轴承；12. 转子；13. 定
子；14. 下导轴承；15. 滑板；16. 止推轴承；17. 底座；18. 调节囊。

机,配备有不同规格的三芯电缆,电机与水泵通过爪式或单键筒式联轴器直接;启
动设备为不同容量等级的空气开关和自耦减压启动器,输水管由不同直径的钢管
制成,采用法兰连接,高扬程电泵采用闸阀控制。潜水泵每级导流壳中装有一个橡
胶轴承;叶轮用锥形套固定在泵轴上;导流壳由螺纹或螺栓连成一体。高扬程潜水

泵上部装有止回阀,可避免停机水锤造成机组破坏。潜水电机轴上部装有迷宫式防砂器和两个反向装配的骨架油封,以防止流砂进入电机。潜水电机采用水润滑轴承,下部装有橡胶调压膜、调压弹簧,组成调压室,调节由于温度引起的压力变化。电机绕组采用聚乙烯绝缘,尼龙保护套耐水电磁线,电缆连接方式按 QJ 型电缆接头工艺,把接头绝缘脱去刮净漆层,分别接好,焊接牢固,用生橡胶绕一层,再用防水胶带缠 2~3 层,外面包 2~3 层防水胶布或用水胶黏结包一层橡胶带以防渗水。电机密封采用精密止口螺栓,电缆出口加胶垫进行密封。电机上端有一个注水孔、一个放气孔,下部有一个放水孔。电机下部装有上下止推轴承,止推轴承上有沟槽用于冷却,和它对磨的是不锈钢推力盘,承受水泵的上下轴向力。

过滤器是抽水时保护孔壁、防止孔壁坍塌的主要设备。地下水通过过滤器时阻力小,流速不超过允许值,以免扰动含水层,同时要具有较大的孔隙率,以获得最大出水量;具有良好的挡砂作用,能够阻挡含水层中的细小砂粒,且又不堵塞过滤器的孔隙;具有足够大的机械强度,能够承受下管时的负荷和地层侧压力。过滤器选择得是否合理,直接影响抽水实验的质量。过滤器的类型,应根据含水层的岩性来选择:① 基岩存在裂隙、溶洞(其中有充填物),可采用骨架过滤器、缠丝过滤器或填粒过滤器。② 卵(碎)石、圆(角)砾,可采用缠丝过滤器或填粒过滤器。③ 粗砂、中砂,可采用包网过滤器、缠丝过滤器或填粒过滤器。④ 细砂、粉砂,可采用包网过滤器或填粒过滤器。

骨架式过滤器的结构特点是在各种材料的井壁管上用钻孔、模压、焊割、铣切等方法开有圆孔或条缝作为过水通道,使用范围:作为其他滤水管的骨架,适用于基岩不稳定地层及破碎带、含砂量<10%的卵砾石层,图 10.3、图 10.4 所示分别为为圆孔式骨架过滤器和条缝式骨架过滤器。

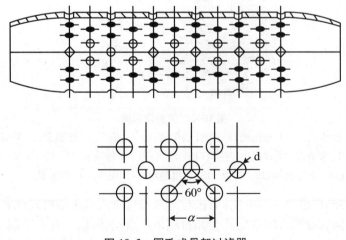

图 10.3　圆孔式骨架过滤器

图 10.3 圆孔式骨架过滤器(续)

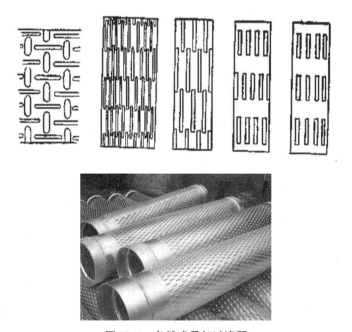

图 10.4 条缝式骨架过滤器

缠丝过滤器是在骨架过滤器基础上缠丝而成的,如图 10.5 所示。若以筋条过滤器为骨架,则是在管外直接缠金属丝而成;若以圆孔过滤器为骨架,则应在管外每隔 30~40 mm 焊上 6 mm 的垫筋后再缠绕金属丝。金属丝的端面可以是梯形、圆形或三角形,金属丝间距根据含水层砂粒粒径确定,间距为 0.5 mm、1.0 mm、1.5 mm、2.0 mm、2.5 mm、3.0 mm、4.0 mm、5.0 mm 不等,对于粉砂或细砂一般用 0.5～1.0 mm 间距,中砂或粗砂用 1～2 mm 间距,砾石层用 2 mm 以上的间距。

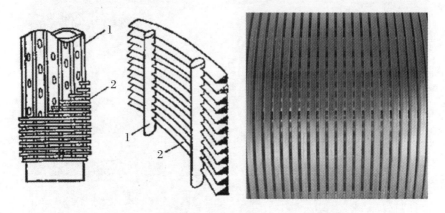

图 10.5　缠丝过滤器
1. 钢筋;2. 梯形滤水丝

包网过滤器的结构特点是在圆孔或条缝滤水管的外壁缠丝或沿母线焊上垫筋,然后包上过滤网,再适当绕上铁丝加固,即形成网状过滤器,如图 10.6 所示。此种过滤器进水阻力较大,又易被杂质或粉细砂阻塞,不适用于粉砂的流砂层,且价格昂贵。

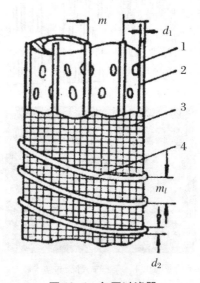

图 10.6　包网过滤器
1. 骨架管;2. 垫筋;3. 包网;4. 缠丝;d_1. 垫筋直径;
m. 垫筋间距;d_2. 缠丝直径;m_l. 缠丝间距。

砾石过滤器是用人工将预先按含水层颗粒大小选好的砾石充填于骨架管与含水层井壁之间,或者将预先选好的砾石与骨架制成整体的砾石过滤器下入含水层相对位置。人工围填砾石过滤器的下管质量轻,滤水管挡砂性能较好,但要求井径较大。砾石过滤器又分为筐状和笼式,如图 10.7 所示。筐状过滤器适用于细砂、粉砂、含泥粉砂层,浅井;笼式过滤器适用于粉砂、含泥粉砂层,浅井。

图 10.7　砾石过滤器

【实验步骤】

(1) 查阅资料,了解抽水实验中抽水方法的种类及每一种方法的适用条件。

(2) 观察江苏苏华 JC 型长轴深井泵、上海奥丰 QJ 深井潜水泵,认识两种泵的工作部分(进水管和底阀)、扬水部分和动力部分。

(3) 观察圆孔式骨架过滤器、条缝式骨架过滤器、缠丝过滤器、包网过滤器、砾石过滤器,描述几种过滤器的结构特点及适用条件。

【实验数据处理与结果分析】

(1) 根据长轴深井泵和深井潜水泵的结构特点,绘制两种泵在抽水实验时的安装示意图。

(2) 根据所观察的过滤器,绘制圆孔式骨架过滤器、条缝式骨架过滤器、缠丝过滤器、包网过滤器、砾石过滤器的结构简图。

【实验要求及注意事项】

实验前,注意查阅抽水实验相关材料,了解长轴深井泵和深井潜水泵的基本结构,实验过程中结合查阅材料仔细观察两种类型泵的结构特征。

【思考题】

（1）根据长轴深井泵和深井潜水泵的结构特点,思考长轴深井泵和深井潜水泵抽水方法的优缺点。

（2）抽水实验时,选择抽水实验设备应考虑哪些影响因素?

（3）根据过滤器在井内的位置,思考过滤器材料有什么特殊要求?

参 考 文 献

[1] 刘志国.水文水井钻探工程技术[M].郑州:黄河水利出版社,2008.

[2] 常序都.水文水井钻探工[M].成都:电子科技大学出版社,2004.

[3] 徐州环球泵业[ED/OL]. http://www. xzhqby. com/Product/Show. asp? ID＝758 & cID＝1,2019.09.

[4] 江苏苏华泵业有限公司[ED/OL].http://www. shuibeng. com/,2019.09.

[5] 上海奥丰泵阀制造有限公司[ED/OL]. http://www. gbs. cn/corporation/aufine/web/,2019.09.

第三篇
工程物探实验

第十一章 基桩完整性小应变检测

基桩完整性小应变检测是利用应力波在桩中传播时,桩身的波阻抗发生变化会产生反射的原理,通过分析反射波的幅值、相位、到达时间,得出桩缺陷的大小、性质、位置等信息,最终对桩基的完整性做出评价。

【实验目的】

(1)了解低应变反射波法的原理。
(2)熟悉和掌握低应变反射波法数据采集流程、处理及解释方法。
(3)掌握利用低应变反射波法探查桩身完整性及桩身缺陷的方法。

【实验设备】

桩基检测仪器设备种类较多,这里以 RSM-PRT(N)基桩低应变检测仪为例进行说明(图 11.1)。

图 11.1 RSM-PRT(N)基桩低应变检测仪

(1)具有瞬时浮点放大技术,兼顾强、弱信号的不失真采集。
(2)具有可拆卸锂电池,支持座充,可另配备用电池,以保障野外不间断工作。
(3)具有三维修正浅部缺陷的功能,缺陷定位准确。
(4)内置蓝牙、Wi-Fi,具有实时监控、无线上传的功能。
(5)体积小、重量轻、便携式,操作简便。
(6)结构稳定耐用,安全可靠性强。
(7)压电式加速度传感器、速度传感器兼容。
(8)具备现场进行滤波、指数放大、缺陷定位等分析功能。

【实验原理】

低应变反射波法检测建立在一维波动理论基础上,通过数学手段模拟桩的一维应力波传播,计算反射、透射和波的叠加,根据波形的异常情况推断桩的完整性。

在桩顶施加激振信号会产生应力波,该应力波沿桩身传播时遇到不连续界面(如蜂窝、夹泥、断裂、孔洞等缺陷)和桩底面(即波阻抗发生变化)时,将产生反射波。低应变反射波法是通过检测分析反射波的传播时间、幅值、相位和波形特征。分析响应信号的特征来检测桩身的完整性,判定桩身缺陷位置及影响程度,判断桩端嵌固情况以及完整性类别。

对于钳固于土体中的桩,由于桩长 L 一般远大于桩径 d,因此,可将桩作为一维弹性直杆,考虑桩土相互作用,则桩身质点振动速度 $v(x,y)$ 满足下面的一维波动方程:

$$\frac{\partial^2 v}{\partial x^2} - \frac{1}{C^2}\frac{\partial^2 v}{\partial t^2} - \frac{c}{EA}\frac{\partial v}{\partial t} - \frac{k}{EA}v = 0$$

式中,x:振动点到震源的距离,m;t:质点振动的时间,s;k:桩周土弹性系数,N/m;c:桩周土阻尼系数,N·s/m;A:桩的截面积,m^2;C:纵波在桩中的传播速度,km/s,且满足 $C=\sqrt{\dfrac{E}{\rho}}$ 的关系,其中 ρ 为桩的密度,kg/m^3;E:桩的弹性模量,MPa。

应力波在桩中的传播,振源为手锤锤击桩端面,属于点振源;传播介质为一维直杆,其中桩长 L 远大于桩径;传播路径是应力波以锤击点为中心半球向外传播,当应力波传播至距桩身一定距离 S 后,波振面才近似为平面。此时手锤锤击桩端应认为是应力波在一维杆件中沿竖直方向传播。

1. 应力波在自由端完整桩中的传播

应力波在自由端完整桩中的传播如图 11.2 所示。

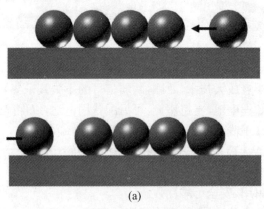

(a)

图 11.2　应力波在自由端完整桩中的传播

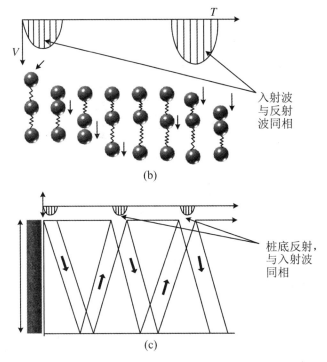

入射波
与反射
波同相

(b)

桩底反射,
与入射波
同相

(c)

图 11.2　应力波在自由端完整桩中的传播（续）

2. 应力波在固定端完整桩中的传播

应力波在固定端完整桩中的传播如图 11.3 所示。

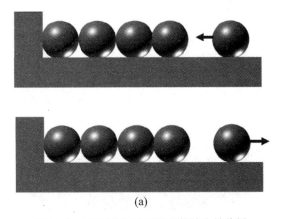

(a)

图 11.3　应力波在固定端完整桩中的传播

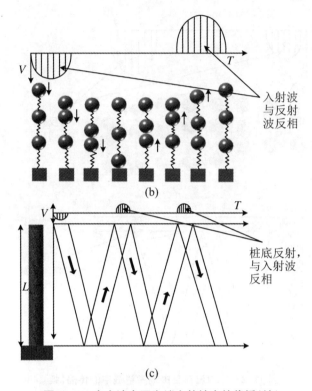

图 11.3　应力波在固定端完整桩中的传播(续)

3. 应力波在波阻抗减小桩中的传播

应力波在波阻抗减小桩中的传播如图 11.4 所示。

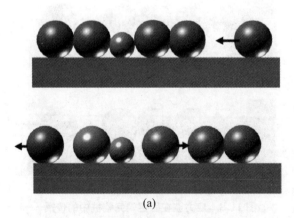

图 11.4　应力波在波阻抗减小桩中的传播

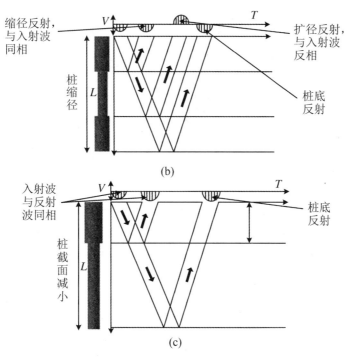

图 11.4　应力波在波阻抗减小桩中的传播(续)

4．应力波在波阻抗增大桩中的传播

应力波在波阻抗增大桩中的传播如图 11.5 所示。

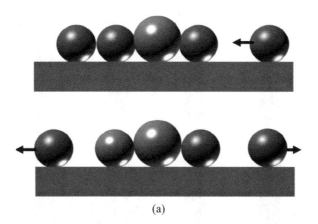

图 11.5　应力波在波阻抗增大桩中的传播

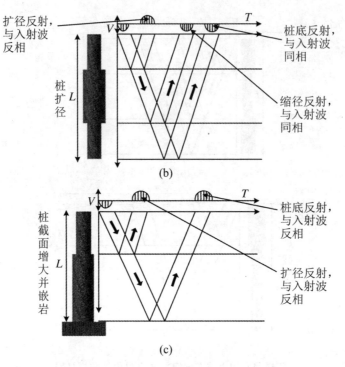

图 11.5　应力波在波阻抗增大桩中的传播(续)

　　低应变所能检测到的现象如图 11.6 所示,低应变不能检测到的现象如图 11.7 所示。

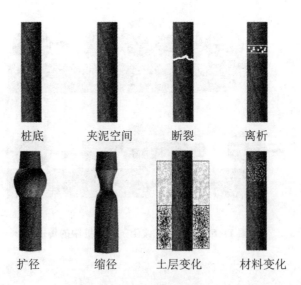

图 11.6　低应变所能检测到的现象

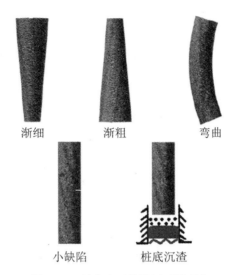

渐细　　　　　渐粗　　　　　弯曲

小缺陷　　　　桩底沉渣

图 11.7　低应变不能检测到的现象

低应变检测的优点:① 检测方法快速。② 准备简便。③ 操作简单。④ 应用经验丰富。

低应变检测的局限:① 不能提供单桩承载力数据。② 对小缺陷灵敏度不高。③ 无法检测桩底沉渣。

【实验步骤】

本实验的步骤如下:桩头处理→仪器连接→传感器安装→程序设置→手锤锤击→信号采集→信号分析→结果打印。

手锤垂直于桩面,锤击点平整;锤击干脆,形成单干扰(激振点与传感器安装点应远离钢筋笼的主筋)。低应变反射波法的探头安装如图 11.8 所示。

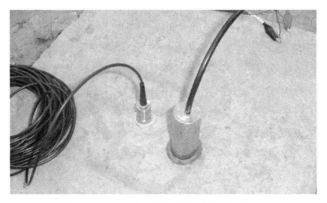

图 11.8　低应变反射波法的探头安装

瞬态激振通过改变锤的重量及锤头材料,可改变冲击入射波的脉冲宽度及频率成分。锤头质量较大或刚度较小时,冲击入射波脉冲较宽,以低频成分为主;当冲击力大小相同时,其能量较大,应力波衰减较慢,适合于获得长桩桩底信号或识别下部缺陷。锤头质量较小或刚度较大时,冲击入射波脉冲较窄,含高频成分较多;冲击力相同时,虽其能量较小并加剧了大直径桩的尺度效应影响,但较适用于桩身浅部缺陷的识别及定位。数据采集示意图如图 11.9 所示。

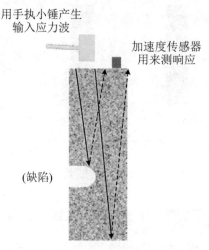

图 11.9 低应变反射波法数据采集示意图

1．测试系统注意事项

根据现场实际情况选择合适的激振设备、传感器及检仪,检查测试系统各部分之间是否连接良好,确认整测试系统处于正常工作状态。注意事项如下:

(1) 进行现场调查,搜集工程地质资料、基桩设计图纸和施工记录等,了解施工工艺及施工过程中出现的异常情况,明确被检测桩号。

(2) 桩顶应凿至新鲜混凝土面,并用打磨机将测点和激振点磨平。

(3) 建设部和铁道部规定:至少达到设计强度的 70%,且不小于 15 MPa。

2．现场检测注意事项

(1) 如灌注桩有低强度的浮浆将直接影响到传感器的安装及锤击所产生的弹性波在桩顶部分的传播,因此必须清除干净,以露出干净的混凝土表面为准。

(2) 预应力管桩:当法兰盘与桩身混凝土之间结合密实时,可不进行处理,若有松动和破损现象,必须用电锯截除,不可凿除。

(3) 检测前将被检测桩顶部与相邻的垫层或承台断开,避免因垫层或承台连接造成波的散射,使波形复杂化。

(4) 测点和激振点应磨平。

(5) 各测点的检测次数不应少于 3 次,且得到的检测波形一致性良好。

3. 传感器安装规定

（1）传感器的安装可采用石膏、黄油、橡皮泥等作为耦合剂，黏结应牢固，并与桩顶面垂直。传感器的安装质量对采集信息的影响很大，黏结层应尽可能薄；传感器底面应与桩顶应紧密接触，不得用手接触传感器；在信号采集过程中传感器不得产生滑移或松动。

（2）对混凝土灌注桩，传感器宜安装在距桩中心 2/3 半径处，传感器与激振点的距离桩不宜小于 1/2 半径，且需避开钢筋笼主筋的影响。

（3）对预应力混凝土管桩应在两条相互垂直的直径上各布置 2 个测点。

【实验数据处理与结果分析】

低应变反射波法解释原理如图 11.10 所示，常见异常低应变反射波法解释说明如表 11.1 所示。

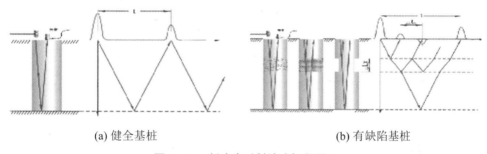

(a) 健全基桩　　　　　　　　　　　　　(b) 有缺陷基桩

图 11.10　低应变反射波法解释原理

【实验要求及注意事项】

（1）根据反射波和入射波相位之间的关系，可以判定缺陷的类型，即扩径或缩径，但对于再进一步区别缺陷的性质就无能为力了，如缩径、离析、空洞和夹泥等的实测曲线特征大致相同，难以分辨。

（2）反射波法尚不能对缺陷进行定量分析，只能根据实测曲线进行定性判断。

（3）为方便对比，在检测前需确定合适的、大体一致的激发和接收条件（能量、频率），以相同的标准进行数据分析与解释。

【思考题】

（1）检波器和桩面用什么方法耦合比较好？

（2）扩径、离析和缩径在反射波信号中有何区别？

（3）小应变测试仪器设备特征及其发展趋势是什么？

（4）如何掌握不同类型桩基础测试应用的规律性？

表 11.1　常见异常低应变反射波法解释说明

缺陷类别	典型记录曲线	说　明
完整		(1) 短桩桩底反射波 R 与直达波 D 频率相近,频率小; (2) 长桩 R 振幅小频率低; (3) R 与 D 初动相位相同
扩径		(1) 情况与完整桩相近; (2) 扩径反射波 R,初动相位与直达 D 波相反; (3) R' 的振幅与扩径尺寸有关
缩径		(1) 缩径反射波 R' 振幅大小与缩径尺寸有关; (2) 缩径尺寸越大 R' 振幅越大,而桩底反射 R 振幅变小
夹泥微裂空洞		(1) 夹泥、微裂、空洞三者情况相近,缺陷反射波 R',振动相近,缺陷反射波 R',振动相位与 D 相同; (2) 桩底反射波 R 的频率随缺陷的严重程度有所降低
离析		(1) 离析反射波 R',一般不明显; (2) 桩底反射波 R 的频率有所下降
局部断裂		(1) 局部断裂也会出现等间隔的多次反射; (2) 桩底反射振幅小,频率往往降低
断桩		断桩无桩底反射,只有断桩部位的多次反射

参 考 文 献

[1]　建筑地基检测技术规范:JGJ 340—2015[S].北京:中国建筑工业出版社,2015.

[2]　既有建筑地基基础检测技术标准:JGJ/T 422—2018[S].北京:中国建筑工业

出版社,2018.

[3] 建筑与市政地基基础通用规范:GB 55003—2021[S].北京:中国建筑工业出版社,2021.

[4] 铁路工程基桩检测技术规程:TB 10218—2019[S].北京:中国铁道出版社,2019.

第十二章　瞬态面波勘探实验

【实验目的】

(1) 了解面波勘探方法的原理。
(2) 熟悉和认识面波的频散特征。
(3) 掌握面波勘探数据的采集流程、处理及解释方法。
(4) 掌握利用面波进行基岩面探查的方法。

【实验设备】

实验采用 Miniseis24 型综合工程探测仪(图 12.1)。该仪器的质量仅为 4.5 kg，功耗低，能够进行数据采集、存储、实时处理和后续处理使用，极为方便，非常适用于野外恶劣环境下的测试工作。

图 12.1　Miniseis24 型综合工程探测仪

仪器基本配置包括：系统主机、主机充电器、系统软件备份光盘、数据采集软件、操作手册、数据传输电缆线、触发连接线。

【实验原理】

瑞雷面波勘探是近年发展起来的浅层地震勘探新方法。当介质中存在分界面时，在一定的条件下体波(P 波或 S 波，或二者兼有)会形成相长干涉并叠加产生出一类频率较低、能量较强的次生波。这类地震波与界面有关，且主要沿着介质的分界面传播，其能量随着与界面距离的增加迅速衰减，因而被称为面波。从以上各类波在介质中传播的速度来看,在离震源较远的观测点处应该接收到地震波列,其到达的次序先后是 P 波、S 波、拉夫面波和瑞雷面波。

瞬态面波法,又称表面波频谱分析法。根据瑞雷面波传播的频散特性,利用人工震源激发产生多种频率成分的瑞雷面波,寻找出波速随频率的变化关系,从而最终确定地表岩土的瑞雷波速度随空间点坐标(x,z)的变化关系,以解决浅层工程地质和地基岩土的地震工程等问题,瞬态面波勘探示意图见图 12.2。

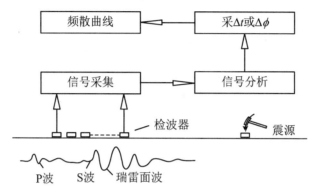

图 12.2　瞬态面波勘探示意图

【实验步骤】

1. 检波器一致性实验

借助皮尺将各检波器移动至距离炮点相同距离的圆边处(大于 10 m),激发一炮,观察各检波器接收到的地震信号在振幅、极性等方面是否一致。如不一致则更换出错检波器,并重复进行实验,直至所有检波器所接收到的地震信号基本一致。

2. 观测系统

面波勘探野外数据采集,采用共偏移的方式,接收排列随着炮点移动而移动。该方法采用锤击或炸药震源激发瑞雷波,在地面按一定方式用垂直速度检波器接收,并根据波场的频散特性,求取 V_R 速度分布场。随着勘探深度的增大,即 λ_R 增大,Δx 的距离也相应地增大,工作方式见图 12.3。

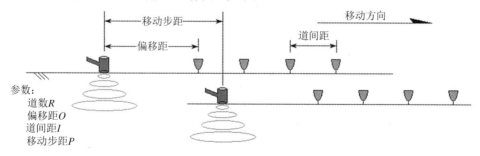

图 12.3　面波勘探野外工作方式

3. 参数设定

（1）观测系统参数选择。

道间距：相邻两个检波器之间的距离，其值应不大于所研究最小地层的厚度。在满足空间采样定理条件下，应满足：$\frac{\lambda_R}{3} < \Delta x < \lambda_R$；两信号的相位差 $\Delta\varphi$ 满足：$\frac{2\pi}{3} < \Delta\varphi < 2\pi$。

（2）采集道数：《多道瞬态面波勘察技术规程》（JGJ/T 143—2004）规定面波采集时宜用 24 道。

（3）排列长度：所有检波器的道间距之和，其长度应不小于最大勘探深度，具体值由道间距与采集道数决定。

（4）采样点数：记录波旅行过程中所用的点数，通常选择 1024 点。

（5）采样间隔：即采样率，记录每个样点的时间间隔，通常选择 0.5 ms。

【实验数据处理与结果分析】

1. 处理流程

主要任务 = 面波提取 + 频散曲线分析，面波数据处理流程如图 12.4 所示。

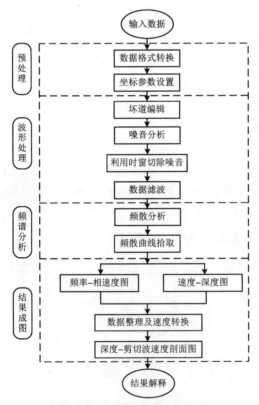

图 12.4 面波数据处理流程

对单炮面波信号进行频散处理,得到面波信号的频散曲线。并根据面波勘探深度公式($H = \dfrac{V_R}{2f}$),得到深度与速度的模型,为面波勘探的地质解释提供依据,瞬态面波处理及结果示意图如图 12.5 所示。

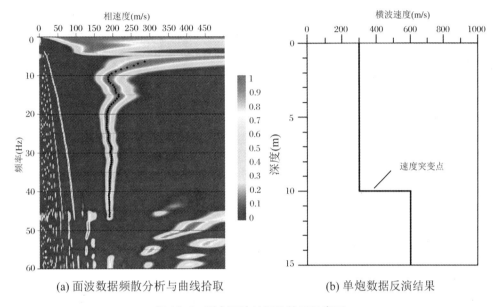

(a) 面波数据频散分析与曲线拾取　　　　(b) 单炮数据反演结果

图 12.5　瞬态面波处理及结果示意图

2. 面波频散谱计算

(1) τ-p 变换。在时间域,由于各种波之间相互重叠,交叉干涉,τ-p 变换就是利用各种波的时间和斜率的不同,把它们分离开来。通常的分离办法如图 12.6 所示。

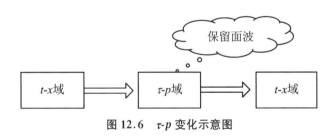

图 12.6　τ-p 变化示意图

(2) *F-K* 变换。*F-K* 变换用于处理多道排列的面波数(MASW),它使用 *F-K* 等二维变换将波场从时间-空间域转化到频率-波数等域,详见图 12.7。右图为野外采集的瑞雷波的原始记录,为时间 t 与空间距离两个自变量的函数 $f(x, t)$。

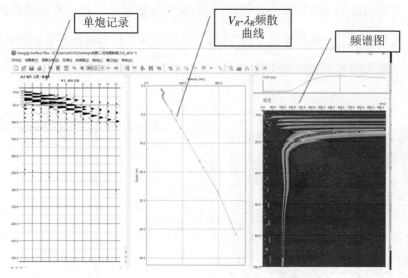

图 12.7   *F-K* 法瞬态面波频散谱计算及拾取

【实验要求及注意事项】

（1）检波器主频的选择。

（2）注意排除干扰源并实时观察信噪比。

【思考题】

（1）面波类型及形成机制主要有哪些？

（2）频散特征及提取方法有哪些？

（3）野外进行面波勘探时，需要注意哪些问题？

参 考 文 献

［1］ 多道瞬态面波勘察技术规程：JGJ/T 143—2017［S］.北京：中国建筑工业出版社，2017.

［2］ 夏江海.高频面波方法［M］.武汉：中国地质大学出版社，2015.

［3］ XU Y，LUO Y，LIANG Q，et al. Investigation and use of surface-wave characteristics for near-surface applications［C］//Advances in Near-surface Seismology and Ground-penetrating Radar. 2010.

［4］ 铁路工程地质勘察规范：TB 10012—2019［S］.北京：中国铁道出版社，2019.

［5］ 岩土工程勘察安全标准：GB/T 50585—2019［S］.北京：中国计划出版社，2019.

第十三章　高密度电法勘探实验

【实验目的】

(1) 掌握并行电法仪器的操作。

(2) 掌握并行电法仪高密度电阻率测量系统的操作。

(3) 了解高密度电阻率法实验的工作原理和工作方法。

(4) 熟悉高密度电阻率数据处理的基本内容。

(5) 掌握 AGI、RES 电法软件的使用和数据处理。

(6) 掌握高密度电阻率法数据处理的基本过程和成果解释。

【实验设备】

目前应用于高密度电法勘探的仪器设备种类较多,应用较广的有重庆地质仪器厂生产的 DUK 系列高密度电法仪、重庆奔腾数控技术研究所生产的 WGMD 系列高密度电法仪、骄鹏科技(北京)有限公司的 E60D 系列以及安徽理工大学 WBD 系列并行电法仪器等。

其中 WBD 系列并行电法探测系统主要由控制器、采集器、电源控制器、12V 锂电池、多极距电缆线、多道铜电极、专用数据解析及处理软件等元件组成。

WBD 系列并行电法勘探监测系统是安徽理工大学与江苏东华测试有限公司联合研制开发的电法勘探监测类产品,采用"分布式并行智能电极电位差信号采集方法和系统"国家发明专利技术(专利号为 200410014020)与网络系统集成技术构建,安徽理工大学为该系统提供技术指导并监制。

并行电法技术是根据 AM、ABM 两种不同的供电方式,采集地下地质体在人工供电条件下形成稳恒电流场作用下的地电信息。它是集电剖面和电测深为一体,结合电阻率层析成像等技术改进的测试系统。其勘探原理与高密度电阻法相同,都是根据不同地质体之间的电阻率差异作为研究对象,以解决与地质有关的工程、环境、灾害等领域的系列问题。并行电法最显著的特点是不再拘泥于传统直流电法分多装置进行数据采集,而是在采用一次供电的情况下,供电电极采集电流值,其余所有采样电极同时采集电极电位值。利用电位与电流之间的任意排列组合,为得到海量地下介质电阻率值奠定强大的数据基础。采集完成后,可根据需要有选择地提取相应所需排列方式的地电信息,从而提升了现场工作效率和数据的利用率。同时系统具有无人值守、远程控制和全自动四维电法勘探功能。

该型仪器可以广泛地应用于交通、能源、城建、工业与民用建筑、地质环境调查、环境灾害评价、堤防隐患探测等领域,也适用于相关工程的动态监测活动。

1.控制器

主要功能包括参数设置、数据信号采集显示、波形回放等功能。

参数设置:供电方波、供电时间、电极工作方式、数据传输方式、起始电极、结束电极等。

数据信号采集显示:控制器接收到采集器上传的采集数据后在液晶屏上显示。

波形回放:在控制器的主界面上,可以打开采集数据的文件并显示采样波形。

2.采集器

WBD 采集箱工作过程中采集通道为 64 道,可根据监测对象和目的任意调节,主要用于对目标体的采集和传输信号。

电极切换:根据控制器发送的工作参数切换供电的电极。

AD 转换:电压通道中除供电电极外的其他所有电极对输入信号进行 AD 转换,将电模拟信号转换为数字信号;电流通道对电流模拟信号进行 AD 转换。

数据储存:将 AD 转换后的数字信号临时储存在采集器内的储存器内。

数据传输:将采样数据上传到控制器,供计算机读取、分析、显示。

3.蓄电池和电源控制器

蓄电池主要用于给采集器供电及作为测量用 AB 电源,自带充电端子,标称容量 12V,15Ah/20h 的免维护蓄电池。

电源控制器主要显示当前发射电压挡位的指示和控制系统电源,用于将蓄电池能量转换成采集箱工作的 AB 电源,自带电源开关,用户通过此开关进行系统上电控制,在控制器面板上有发射电压挡位状态显示。

4.电源/控制模块输入电源

交流电源:220 V(1±10%),50 Hz(1±2%),250 VA,交流电源仅供内部锂电池组充电使用。

直流电源:输入电压为 9~18 V,最大输入电流:15 A。

5.电源/控制模块输出电源

电法仪工作电源:输出电压为 9~17 V,最大输出电流:4 A。

AB 电源:输出电压 0 V、24 V、48 V、72 V、96 V 分挡切换,最大输出电流:125 mA。

6.内置锂电池组

锂电池标称值:14.8 V,30000 mAh。

充电时间:10 h。

【实验原理】

高密度电阻率法的物理前提是地下介质间的导电性差异。其原理与常规电阻率法相同,即以岩石、矿物的电性差异为基础,通过观测和研究人工建立的电流场在大地中的分布规律,解决水文、环境和工程地质问题。和常规电阻率法一样,它通过 A、B 电极向地下供电流 I,然后在 M、N 极间测量电位差 ΔU,从而求得该记录点的视电阻率 $\rho_s = K\dfrac{\Delta U}{I}$。根据实测的视电阻率剖面,进行计算、处理、分析、便可获得地层中的电阻率分布情况,从而可以划分地层、圈闭异常等。

高密度电阻率法实际上是一种阵列勘探方法,野外测量时只需将全部电极置于测点上,然后利用程控电极转换开关和微机工程电测仪便可实现数据的快速和自动采集,当将测量结果送入微机后,还可对数据进行处理并给出关于地电断面分布的各种图示结果。根据实测的视电阻率剖面进行计算、处理、分析,便可获得地层中的电阻率分布情况,从而可以划分地层、圈闭异常、确定裂隙带等特点。

显然,高密度电法勘探技术的应用与发展,使电法勘探的智能化程度大大向前迈进了一步。高密度电法勘探的参数选择、资料解释是两个关键环节。参数选择直接关系到能否测试出探测目标体所反映出的异常;资料解释则是对目标体探测效果的最终反映。

【实验步骤】

(1) 并行电法仪的认识与操作。

(2) 并行电法仪器的操作及注意事项。

① 工作人员抵达探测区域后,应根据前期施工设计尽快熟悉标志点,开展相关施工作业。如现场条件特殊,需慎重改变测线布置,做出详细记录并附带相关说明。

② 施工过程中,需要严格按照测线方位、测线间距、电极极距、电极次序等实施。一次施工,需尽量保证电极接触有效,确保电缆线与电极连接无误。B、N 电极应与大地接触良好,且置于足够远(一般要求至少 3 倍测线长)处。

③ 把电缆线的母插头与相应的采集器公插头有序连接起来,利用通信线把控制器和采集器连接,利用电源线把电源与采集器连接,待 BN 线连接完成后,先对电源,控制器开机,待指示信号亮起,再打开采集器电源开关。

④ 打开桌面仪器采集软件,依次查找电流、电压模块,接地检查,参数设置(电极数目、供电方式、供电时间、采样间隔等),设置完毕后进行采样,待采样完成后,读取采样数据并保存。

⑤ 对采集质量高的数据,本次电法数据处理在并行电法配套的 WBDPro 软件平台上进行,并选用了 surf8.0 和 AtuoCAD 软件进行辅助成图。电法数据处理流程为:数据解编、电极坐标、畸变值删除、视电阻率计算、真电阻率反演及剖面成图。

(3) 高密度电法实验。

① 布置观测系统、连接仪器和多极转换器。

② 针对实验中教师指定的需探测的地下目的物设置点距,并打好电极。

③ 打开仪器,进入主菜单,检测系统是否正常,设置测量参数,选择测量方式。

④ 测量。在主菜单下,按测量键进行测量,测量完毕后保存数据到指定目录。

⑤ 现场简单查看数据,做出现场电阻率剖面图。

【实验数据处理与结果分析】

1. 视电阻率结果处理

首先导入高密度电法数据,然后编辑输入坐标。待坐标输入完成后,对数据进行解编处理,具体见图 13.1 及图 13.2。

图 13.1　电极坐标输入

图 13.2　常规电极解编

解编完成后,即可计算电阻率。目前计算电阻率的装置类型包括三极、单偶极、温纳四极、温纳偶极和温纳微分装置。在进行电阻率计算时,深度系数可选 0.5 或者 0.4 等,具体见图 13.3。

电阻率计算完成后,即可得到勘探区视电阻率剖面结果图。

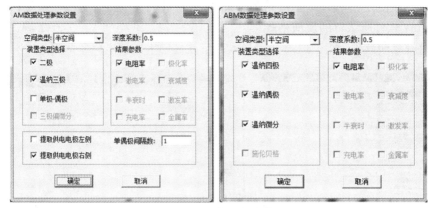

图 13.3　电阻率计算

2. Res2dinv 软件

Res2dinv 软件是目前比较优秀的一款瑞典高密度电阻率二维反演软件。它使用快速最小二乘法对电阻率数据进行反演,适用装置有温纳(α、β、γ)、偶极-偶极(AB-MN 滚动)、单极-偶极(A-MN 滚动、MN-B 滚动、A-MN 矩形)、二极(A-M 滚动)、施伦贝尔装置等,反演结果见图 13.4。

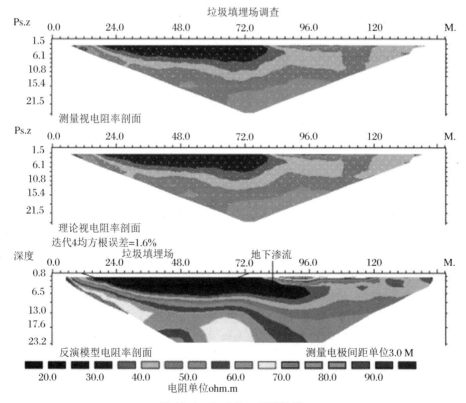

图 13.4　Res2dinv 反演结果

软件在使用过程中,首先利用并行电法软件将采集到的测试数据转换成Res2dinv 软件所认可的反演格式。

打开反演软件,如图 13.5 所示导入东华软件已生成的电阻率数据。

图 13.5　导入 Res2dinv 反演文件

反演的文件后缀为.dat 的文件,其格式如下:

LANDFILLDAT 文件	comments(注释)
LANDFILL SURVEY	第一行:测线的名字
3.0	第二行:最小的电极间距
1	第三行:排列类型(温纳=1,二极=2,偶极-偶极=3,联剖=6,施伦贝尔=7)
334	第四行:测量数据点总数
1	第五行:测量数据点的 X 位置的类型。如果所表示的 X 位置是排列的中点(也就是:在拟断面中的测量数据点的位置)被使用,输入 1
0	第六行:IP 数据标志(输入 0 仅是电阻率数据)
4.50　3.0　84.9	第七行:第一个数据点的 X 位置,电极间距和已测的视电阻率值
7.50　3.0　62.8	第八行:第二个数据点的 X 位置,电极间距和已测的视电阻率值

将反演文件导入完成后,选择"Inversion"选项,即"反演"选项,进行数据反演处理。在"反演"选项里,通常采用最小二乘法进行数据反演,见图 13.6。

利用最小二乘法进行反演时,根据要求,输入一定的反演参数即可进行。

反演数据完成后,可以选择"显示反演结果"选项。该选项可以显示已完成的反演结果。并可以将反演结果导出为 XYZ 格式的数据文件,方便利用其他成图软件进行结果成图。

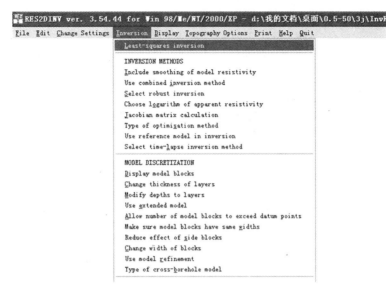

图 13.6　最小二乘法数据反演

注意：当数据体质量较高时，并且要求的探测精度较高时，可进行必要的二维反演处理。若数据体质量较差，则可能反演时数据的收敛性很差，达不到二维反演效果。

3. AGI 软件

AGI（EarthImager）电法反演软件可以对常规电法数据、高密度电法数据进行1D、2D、3D 正反演处理，如图 13.7 与图 13.8 所示。

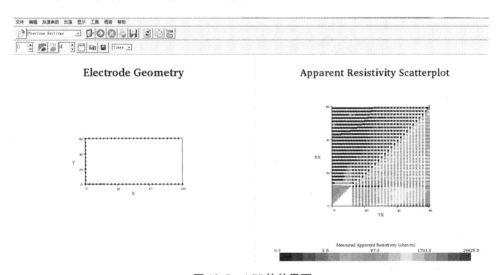

图 13.7　AGI 软件界面

用 AGI 软件进行数据反演，首先利用 WBD 软件对数据进行解编，其按照

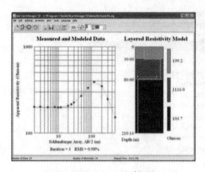 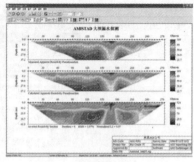

(a) EarthImager 1D 处理　　　　　(b) EarthImager 2D 处理

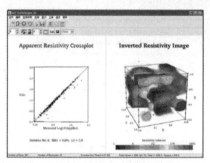

(b) EarthImager 3D 处理

图 13.8　AGI 不同反演类型

WBD 软件解编的数据格式。数据解编完成后，WBD 软件可以直接导出 AGI 反演文件，如图 13.9 所示。

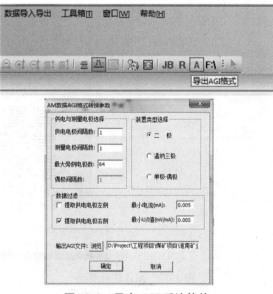

图 13.9　导出 AGI 反演软件

在导出反演文件时,注意装置类型的选择。AGI 反演文件后缀为 .urf 格式。然后打开 AGI 反演软件,导入反演文件,如图 13.10 所示。

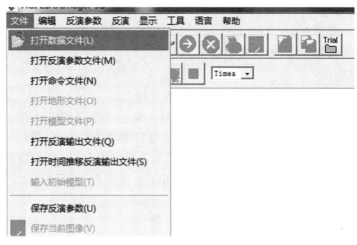

图 13.10　反演文件导入

导入好数据后,进行反演参数的设置,如图 13.11 所示。

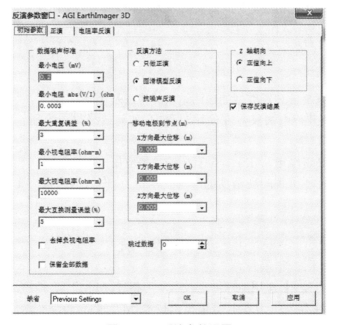

图 13.11　反演参数设置

反演参数设置完成后,选择好反演方式,即可进行数据反演。

【实验要求及注意事项】

1. 实验要求

(1) 每个同学至少要独立用 3 种电法完成某个剖面的处理工作。

(2) 交流解释成果,编写实验报告。

2. 注意事项

(1) 电流电压模块查找不全或找不到的处理。

电压模块查找不全:一般是在复杂使用环境下,仪器各电压模块未能全部开启,应对采集器进行重启。极少情况下,可能是各模块波特率不一致。

电流电压模块找不到:首先检查采集器电源有没有打开,电源有没有电量,通信连接线有没有正确连接,确保无误后,可重启。如若仍然发现不了问题,可在通信设置中单独查找,更改波特率。

(2) 数据读取不全或数据读取错误的处理。

数据读取不全:供电电源电量过低,仪器使用过频繁导致内部温度过高。

数据读取错误:现场使用中,采样和读取数据过快,或者在数据采集过程中就进行处理。

(3) 每次使用完成后,应检查仪器,保证配件齐全,放置成套,禁止随意互相调换。

【思考题】

(1) 温纳系统各装置类型的探测结果的特点是什么?

(2) WBD 并行电法仪器在使用过程中,如何选择供电电压? 选择的依据是什么?

(3) 简述高密度电法在工程勘查中的主要应用。

(4) 根据你所了解的高密度电法的技术特点,你认为未来高密度电法的发展方向有哪些?

参 考 文 献

[1] 吴燕冈,杜晓娟.应用地球物理教学实习指导[M].北京:地质出版社.2010.

[2] 周熙襄,钟本善.电法勘探数值模拟技术[M].北京:科学技术出版社,1986.

[3] 庄浩.三维电阻率层析成像研究[D].长沙:中南工业大学,1998.

[4] 姚姚.地球物理反演基本理论与应用方法[M].武汉:中国地质大学出版社,2002.

[5] 王家映.地球物理反演理论[M].北京:高等教育出版社,2002.

第十四章　探地雷达管线探测实验

探地雷达法是探测地下管线的一种主要方法。地下管线按其材质可大致分为两大类:① 铸铁管、钢管等金属管线。② 水泥管、陶瓷管和工程塑料构成的非金属管道。目前常用的地下管线探测方法大都利用上述管线与周围介质的物理特性(导电性、导磁性、密度、波阻抗和导热性等)差异进行探测,不同的探测方法适用于不同材质的管道和不同的地质条件。较有代表性的方法主要有利用电磁定位仪的电磁探测法、利用探地雷达的方法和磁探测法等。本章介绍利用探地雷达探测地下管线的方法。

【实验目的】

(1) 了解探地雷达的组成结构。

(2) 掌握地下管线探地雷达探测的基本原理和操作流程。

(3) 了解地下管线的响应特征,能从探地雷达剖面中识别出地下管线。

【实验设备】

MALA 探地雷达系统(图 14.1):100 MHz 和 500 MHz 屏蔽天线、ProEx 主机、测距轮、Reflexw 处理软件、传输线、便携式计算机。

【实验原理】

探地雷达由发射部分和接收部分组成。发射部分由产生高频脉冲波的发射机和向外辐射电磁波的天线(Tx)组成。通过发射天线以 $60°\sim90°$ 的波束角向地下发射电磁波,电磁波在传播途中遇到电性分界面产生反射。反射波被设置在某一固定位置的接收天线(Rx)接收,与此同时接收天线还接收到沿岩层表层传播的直达波,反射波和直达波同时被接收机记录或在终端显示出来。探地雷达的工作原理见图 14.2。

在地下管线探测过程中,地下管线与周围介质存在明显的电性(相对介电常数 ε_r)的差异,即可产生反射电磁波,在探测剖面中表现为绕射弧状,如图 14.3 所示。

电磁波由发射天线发射到被接收天线接收所需要的往返时间:

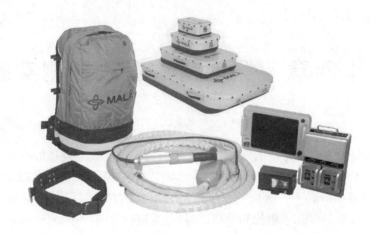

(a) 设备组成

(b) 100 MHz 和 500 MHz 屏蔽天线

图 14.1　MALA 探地雷达系统

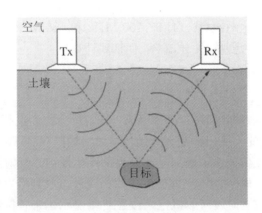

图 14.2　探地雷达的基本工作原理

$$t = \frac{\sqrt{4h^2 + x^2}}{V} \tag{14.1}$$

式中, h : 管线的埋藏深度, m; V : 电磁波在介质中的传播速度, m/ns; x : 发射天线与接收天线的距离, m, 通常大部分屏蔽天线的 x 是固定的, 且相比较于探测深度

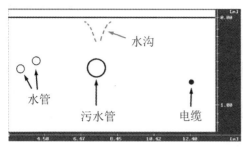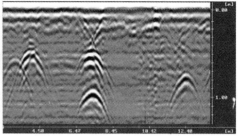

图 14.3　地下管线的探地雷达探测剖面

较小,所以式(14.1)通常简写如下:

$$t = \frac{2h}{V} \tag{14.2}$$

要准确估算出管线的埋深还需要知道介质中电磁波速度 V,其与介质的相对介电常数 ε_r 关系满足:

$$V = \frac{c}{\sqrt{\varepsilon_r}} \tag{14.3}$$

式中,c:光速,约为 300000000 m/s。常见介质的相对介电常数如表 14.1 所示。

表 14.1　常见介质的相对介电常数

介质	相对介电常数	速度(m/ns)
水	81	0.033
冰	3.2	0.167
干砂	3～6	0.12～0.17
湿砂	25～30	0.055～0.06
干土	3	0.173
湿土	8～15	0.086～0.11
混凝土	6～8	0.055～0.112
沥青	3～5	0.134～0.173
PVC	8	0.173
灰岩	4～8	0.12
页岩	5～9	0.09

【实验步骤】

(1) 天线的选择需要根据探测管线可能的埋深和最小尺度来确定,要兼顾探测深度和分辨率两个因素。当管线埋深较大(大于 5 m),管径较大时,可选择使用

100 MHz 屏蔽天线;而当探测深度较小,管线直径较小时,可选用 500 MHz 屏蔽天线。

（2）探地雷达系统的连接。将采集模块安装在天线上,分别在主机和采集模块上安装电池,将采集模块连接至主机,利用网线将主机连接至便携式计算机;在天线尾部安装测距轮,并连接至采集模块。

（3）系统启动与检查。分别按动主机、采集模块和便携式计算机的"POWER"键,检查探地雷达系统的数据传输是否正常。

（4）在便携式计算机桌面打开 Groundvision2 采集软件,按如下步骤进行采集参数的设置。

① 点击电脑键盘的"M"键,设置测量任务。

a. 选择要存储测试数据的路径。

b. 选择"Slot A"位置,再选择"Internal"自发自收的数据通道。

c. 选择天线的型号。

d. 选择测量方式。

"Wheel"表示用测距轮触发的方式采集数据（适合于测试现场表面平整的情况）。

"Time"表示用时间触发的方式采集数据（适合于测试现场表面不平整的情况）。

"Keyboard"表示用点击电脑的回车键触发采集数据（适合于超前地质预报或野外勘察等深部探测的情况）。

"Wheel"和"Time"都属于连续测量,建议尽量用"Wheel"测量方式;"Keyboard"属于点测,超前地质预报或地质勘查都必须使用点测。

选择"Time"和"Keyboard"则不需要进行以下步骤（e~f）。

e. 如果选择"Wheel"的测量方式,则需选择测量轮文件:250 MHz、500 MHz、800 MHz 天线选择直径 150 mm 的测量轮文件。

f. 接着选择测距轮的信号来源位置,如果测距轮文件是直径为 150 mm 的测量轮,选择"Master wheel";如果测距轮文件是单测量轮的,高频模块在主机的"Slot A"位置,就选择"Slot A wheel",高频模块在主机的"Slot B"位置,就选择"Slot B wheel",具体参数设置见图 14.4。

② 进入接收信号参数的设置窗口。接收参数设置见图 14.5。

a. 雷达主机当前通道连接的天线的发射和接收天线的偶极子间距为系统默认,不能改动。

b. 每道脉冲的采样间隔:

100 MHz 屏蔽天线的采样间隔一般为 0.1 m,适用于连续测量或点测。

500 MHz 屏蔽天线的采样间隔一般为 0.02 m,适用于连续测量。

③ 进行单道脉冲波形的设置。

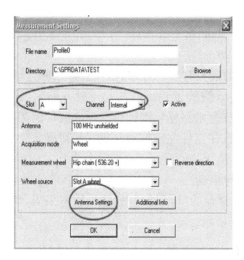

图 14.4　采集参数设置

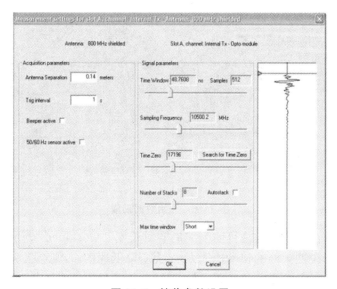

图 14.5　接收参数设置

a. 选择连接天线的相应采样频率。可以通过点击水平滑动块来选择，也可使用电脑键盘的左右键来调整，以下为各个常用天线的采样频率经验值：

100 MHz 天线的采样频率一般为 1000～1200 MHz。

500 MHz 天线的采样频率一般为 7500～8000 MHz。

b. 选择每个电磁脉冲信号的时窗和采样点。可以通过点击水平滑动块来选择采样点，也可使用电脑键盘的左右键来调整采样点，采样点的调整间隔是"2"，时窗是由采样点的大小决定的，采样点越大，时窗就越大。

c. 通过滑动块来调整每道脉冲的信号叠加值。

如果是"Wheel"和"Time"等连续测量方式的话,选择"8"次叠加。

如果是"Keyboard"的测量方式,选择"128"次叠加值,意思就是每道脉冲采样点的叠加值都必须是 128。

d. 不用选择天线的最大时间窗,因为软件会根据你选择的天线自动设定。

e. 设置完成后,将天线放置到测线的起点处并贴紧,让雷达系统自动去寻找时间剖面的零点,即让红色水平标尺对准单道脉冲波形的第一个波峰或波谷位置,如果自动对不准,可以按住鼠标左键拖动红色标尺对准。

f. 确认并退出"设置"窗口。

④ 数据采集过程与检查。

a. 设置完成后,按键盘的"F5"键,开始进行数据采集,均匀缓慢地拖动探地雷达天线,界面如图 14.6 所示。

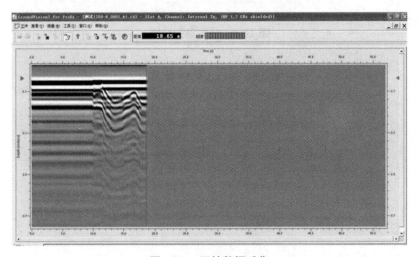

图 14.6　开始数据采集

窗口上的"pos"表示的是目前测线的实时长度,"workload"表示工作荷载,如果闪烁红灯了,说明天线的移动速度太快,需要降低速度,否则会丢失测试数据。

b. 测线采集完成或需要暂停,按"F6"键,停止数据采集,或选择关掉测试窗口,重新设置采集参数,进行新的测线测试;如果该条测线没有测试完,则按"F5"键继续这条测线的数据采集。

c. 在采集的过程中,可以按数字键"1~9"里的任意键来进行标记,标记的属性可自由定义,具体见图 14.7。

d. 采集完成后,到存储路径的文件夹里找到测试生成的数据文件,一条测线会自动生成 3 个文件,一个是标记文件,后缀为".mrk";一个是道头文件,后缀为".rad";一个是数据文件,后缀为"rd3"。这 3 个文件里,道头文件和数据文件是缺一不可的。

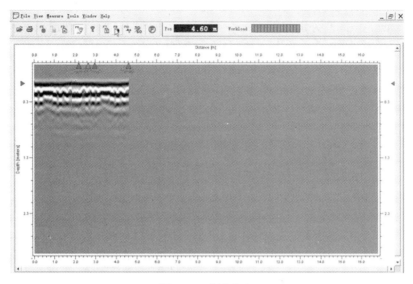

图 14.7　制作标记

【实验数据处理与结果分析】

1. 数据处理流程

（1）导入原始数据：进入处理软件建立存储文件夹，然后选择二维数据分析（2D-data analysis）模块，在文件选项中点击"导入"，进入后点击"Conver to Reflewx"选项，选择需要的处理数据，待下一步处理，如图 14.8 所示。

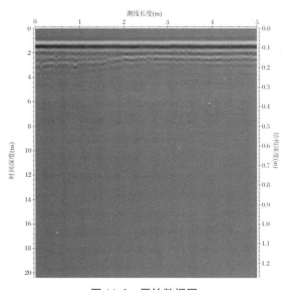

图 14.8　原始数据图

（2）点击软件窗口快捷栏上的"处理"，选择一维滤波中的抽取平均道(subtract-mean)。该滤波分别作用于每一道，用它对每道的每个值做滑动平均计算，该滑动平均值从中心点中减去，能够有效去除低频部分的影响。

通过观察原始数据与抽取平均道处理后的波形图，可以看到原始数据波形漂移比较严重，经过处理后波形漂移现象得到明显改善，波形回到中心位置，如图 14.9 所示。

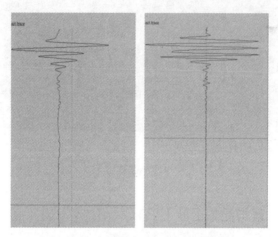

图 14.9　去直流漂移前后波形图对比

（3）选择处理选项中的"静校正/切除"，进行静校正(static correction)。校正分组框中选择"向时间轴负方向移动"，对于零点时间与距离的设定，可以打开查看/波形图窗口，选择第一个波峰最大值便自动输入静校正的参数，如图 14.10 所示。

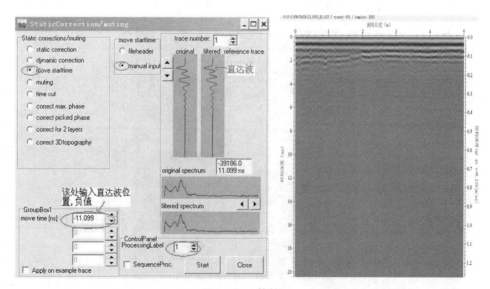

图 14.10　静校正

（4）进行增益处理：可以使用 AGC 增益（AGC-Gain）或者 energy decay，如图 14.11 所示。

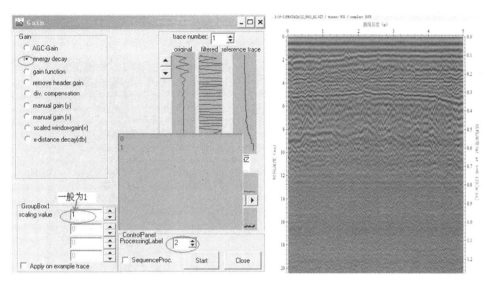

图 14.11　AGC 增益

（5）一维滤波：根据所用天线的主频选取合适的频率范围将剖面中的低频或者高频噪声滤除，具体见图 14.12。

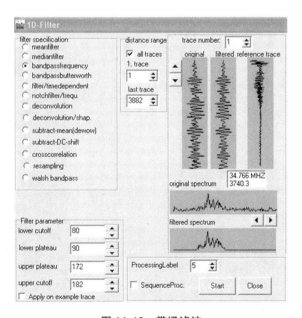

图 14.12　带通滤波

（6）二维滤波处理：选择处理/2D-滤波中的抽取平均道（subtracting average），该处理功能可去除图像中的水平部分,具体见图 14.13。

（7）最后进行二维滤波滑动平均处理,该滤波的作用是抑制噪声,使图像平滑,如图 14.14 所示。

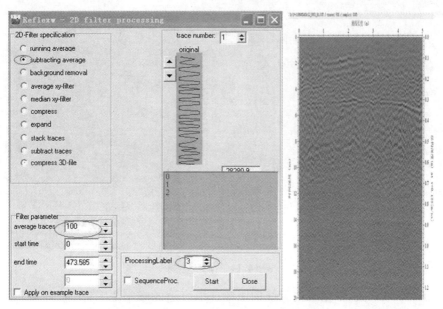

图 14.13　二维滤波抽取平均道

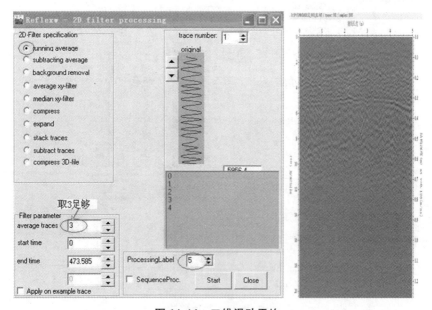

图 14.14　二维滑动平均

2. 地下管线的解释

地下管线在探地雷达图像上通常呈现出明显的绕射弧状响应,可通过识别剖面中的绕射弧识别出地下管线的位置、大小以及埋深,具体见图 14.15。

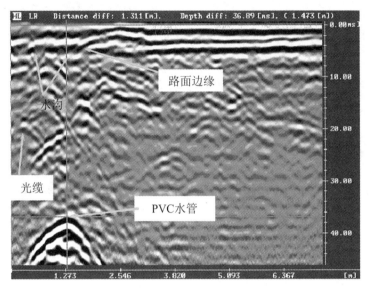

图 14.15 地下管线的探地雷达剖面解释

【案例分析】

1. 探测目标

要求探测某沥青路面以下 10 m 以浅的管线。

2. 观测参数设置

(1) 首先选择存储测试数据的路径。

(2) 选择"Slot A"位置,再选择"Internal"自发自收的数据通道。

(3) 选择型号为 100 MHz 的屏蔽天线。

(4) 选择测量方式轮测:"Wheel"。

(5) 选择测量轮文件:直径为 150 mm 的测量轮文件。

(6) 接着选择测距轮的信号来源位置:"Master wheel"。

(7) 设置最大时窗为 300 ns,叠加次数为 6 次。

3. 采集的数据与处理

采集的原始数据如图 14.16 所示。

(1) 先进行数据的去直流漂移,再进行数据的静校正,处理后的数据如图 14.17 所示。

(2) 进一步利用增益对深部的有效信号进行放大,并进行去噪处理,去噪后的剖面如图 14.18 所示。

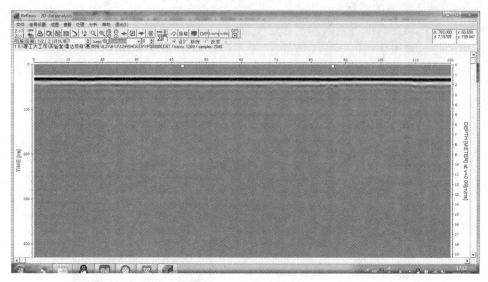

图 14.16　采集的原始数据

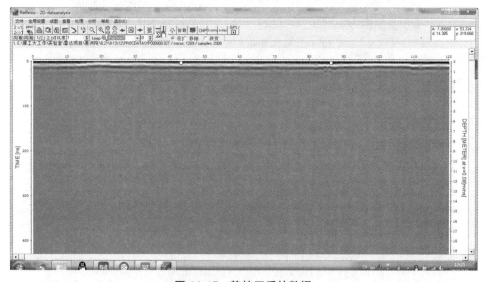

图 14.17　静校正后的数据

（3）最后对数据进行滑动平均和道均衡，如图 14.19 所示。

4. 数据解释

利用图 14.19 所示的结果进行地下管线的解释，图中 85 m 处有连续的强反射回波，指示为地下管线。图 14.20 中所示为该区内一处典型地下管线的反射波，图中 13 m 处 2 m 深的位置为一金属管线。

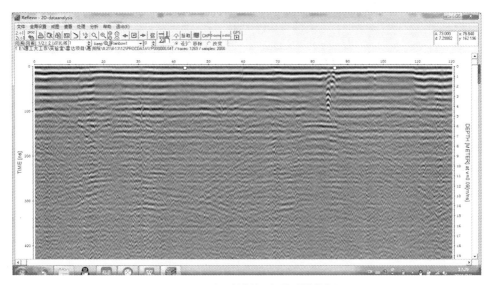

图 14.18　经过增益、去噪后的数据

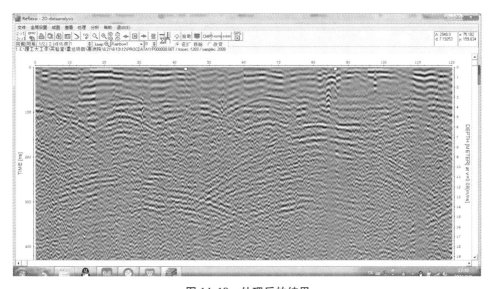

图 14.19　处理后的结果

【实验要求及注意事项】

1. 实验要求

（1）根据探测场地条件选择合适频率的天线。

（2）以小组为单位协作完成探地雷达系统的连接与数据采集。

（3）以小组为单位完成数据处理。

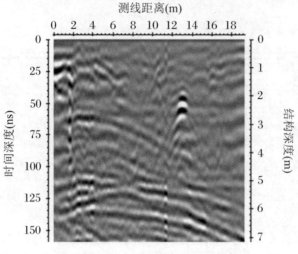

图 14.20　地下管线的响应特征

（4）利用处理后的探地雷达剖面解释识别出地下管线。

2. 注意事项

（1）地下管线探测实验在地质工程实验场地进行。

（2）注意做好测量标记。

（3）注意仪器的维护与简单故障的排除。

【思考题】

（1）金属管与 PVC 管的探地雷达信号有哪些差异？为什么？

（2）探地雷达天线频率与探测深度和分辨率存在何种关系？

（3）地下管线的探测过程中会存在哪些信号干扰因素？

（4）探地雷达除了应用于地下管线探测，还可以应用于哪些方面？

（5）目前热门的人工智能技术如何应用于地下管线探测？会在哪些方面有所应用？

参 考 文 献

[1]　李大心.探地雷达方法与应用[M].北京:地质出版社,1994.

[2]　曾昭发.探地雷达方法原理及应用[M].北京:科学出版社,2006.

第十五章 重力勘探实验

【实验目的】

(1) 学习 Z400 型石英弹簧重力仪的工作原理、基本操作技术。

(2) 了解重力勘探的工作原理、工作布置、野外观测方法和流程。

(3) 掌握布格重力异常各项校正、数据处理流程、断层解释的方法步骤。

【实验设备】

1. Z400 型石英弹簧重力仪简介

Z400 型石英弹簧重力仪由北京地质仪器厂生产,包括弹性系统、光学指示系统、测读系统、保温隔热系统等,为相对重力仪。优点表现在灵敏度高、测量范围大、精度高、重量轻、体积小、使用方便和计算简单(图 15.1)。

图 15.1 Z400 型石英弹簧重力仪

2. 仪器的主要技术参数指标

(1) 测量精度:$\varepsilon \leqslant \pm 0.3$ g.u.。

(2) 读数精度：±0.1 g.u.。

(3) 读数器读数范围：0000.0～3999.9 格。

(4) 格值范围：0.9～1.1 g.u./格。

(5) 测量调节范围：>40000 g.u.。

(6) 亮线灵敏度范围：16～20 g.u./刻度片一大格时。

(7) 混合零点位移（掉格）：≤±1 g.u./h。

(8) 格值线性度：≤±1/1000。

(9) 质量：4.5 kg。

【实验原理】

重力勘探应用的前提是目标体与围岩存在着横向密度差，目前地球科学与工程实训中心布置的正断层模型可以满足此前提。本次实验可以通过 Z400 型石英弹簧重力仪进行数据采集、校正处理、布格重力异常计算、反演、分析实验工区内断层模型展布情况。

【实验步骤】

1. 编写野外施工设计

要求学生了解相应的行业技术规范、选择重力勘探方法的原则，学习野外施工设计的内容和方法。

2. 物探测量工作

(1) 通过重力勘探测网的布设，了解重力勘探测网布设的工作步骤、内容与方法，学会简单的测网布设与联测，能够按照设计要求正确布设重力勘探测网。

(2) 了解测量误差对重力勘探精度的影响，学会对测量结果的精度评价，能够提供合格的测量成果。

(3) 掌握重力勘探测网质量检查及精度评定方法。

3. 重力仪的原理与简单操作

要求学生了解重力仪的基本原理，掌握重力仪操作要领与操作步骤；了解必要的仪器调节方法及简单故障排除的基本知识；了解野外仪器性能实验的内容和限差要求，了解并遵守重力勘探生产规范和仪器安全生产规程。

4. 基点网的联测

要求学生了解建立基点网的目的和意义，学习和掌握基点网联测的原理与方法。由于实验工区范围较小，单基点就可以控制全区精度，因此可以仅建立单基点，采用始于基点、终于基点的观测方式进行基点数据采集。

5. 普通测点资料整理观测

要求学生掌握普通测点的观测方法，即在遵守始于基点、终于基点的基础上，采取单次观测方式。此外，要求掌握质检方法和单项指标要求、混合零点改正方法以及精度要求。

6. 资料整理

要求学生学习和掌握正常场改正、布格改正的具体方法;学会近区地改实测和中远区地改的圆域或方域读图计算方法;学会布格异常精度统计与分析的方法。

7. 简单处理与成图

要求学生学习和掌握实际重力勘探资料的常规处理流程和方法,会对原始资料进行选择性处理,最终获得剩余重力异常;要求学生能够手工绘制或计算机绘制剖面、平面剖面图和平面等值线异常图件。

8. 重力异常的初步地质解释

选择重力勘探效果十分明显的目标区(地层模型区)进行解释,增强学生的实习兴趣,并使之学会由已知到未知的对比原则和方法,能对目标体进行预测和推断;使学生能够根据具体地质条件,对剩余异常进行初步的地质地球物理解释。

【实验数据处理与结果分析】

1. 仪器实验结果的处理与分析

(1) 静态实验。

静态实验一般应在环境温度变化小于 3 ℃、周围干扰较小的室内进行。仪器置平后,每隔 20~30 min 观测一次,记录观测值的同时记下温度变化,连续观测 24 h 以上,其目的是观测仪器的静态零位变化和环境温度对仪器的影响。

观测值经固体潮校正后,绘制出仪器静态零点掉格曲线,并计算仪器的掉格率。一般仪器 24 h 掉格率小于 $\pm 0.12 \times 10^{-5}$ m/s^2。电子式仪器必须充电 48 h 且仪器掉格速度趋于稳定后才能开始实验。

(2) 动态实验。

一般开工前和收工后各做一次动态实验,仪器受震和检修后也应适当进行动态实验。动态实验在与野外工作类似的条件下进行,点距与实际点距相当,观测点以 8~10 个为宜,每两个实验点间的重力段差应在 2×10^{-5} m/s^2 以上,一般采用双程往返重复观测法进行观测,每次连续工作时间应大于 8 h。动态实验的目的是了解重力仪在动态条件下的零位变化,以确定重力仪线性变化的最大时间间隔(在此时间内零位变化与线性的偏差值小于重力仪野外观测精度)以及野外的最佳工作时间段。

动态实验数据经固体潮校正后,绘制出掉格曲线;在实验数据与掉格曲线的最大偏差不大于 2.5 倍仪器观测精度时,认为仪器性能是合格的。掉格改正系数 k,用式(15.1)计算:

$$k = -\frac{\sum\limits_{i-1}^{\tau} \Delta g_i \times \Delta t_i}{\sum\limits_{i=1}^{\tau} \Delta t_i^2} \tag{15.1}$$

式中,k:掉格改正系数,10^{-5} m·s^{-2}/min;Δg_i:第 i 点($\Delta g_i=1,2,\cdots,\tau$)前后观测值之差,$10^{-5}$ m/s^2;Δt_i:第 i 点前后观测时间差,min;τ:重复观测的点数。

动态观测精度应不低于设计观测精度,用式(15.2)计算:

$$\varepsilon_T = \pm\sqrt{\frac{\sum\limits_{n}^{m} v_i^2}{m-n}} \qquad (15.2)$$

式中,ε_T:仪器动态精度,10^{-5} m/s^2;v_i:第 i 个($i=1,2,\cdots,m$)相邻点闯单个增量与平均增量之差,10^{-5} m/s^2;m:增量总数;n:观测的边数。

(3) 多台仪器的一致性检验。

当工区内使用两台以上仪器工作时必须进行检查的项目。作一致性检查时,点距与实际工作点距相当,实验点数应在 8~10 个,要求点间重力差在 2×10^{-5} m/s^{2}以上。如果每台仪器的动态混合零点位移实验都合格,也可利用动态实验数据计算仪器的一致性。仪器一致性不低于测定观测均方误差,用式(15.3)计算:

$$\varepsilon_Y = \pm\sqrt{\frac{\sum\limits_{n}^{m} \lambda_i}{m-n}} \qquad (15.3)$$

式中,ε_Y:仪器一致性,10^{-5} m/s^2;λ_i:某仪器在第 i 个($i=1,2,\cdots,m$)相邻点之增量与各台仪器平均增量之差,10^{-5} m/s^2;m:增量总数;n:观测的边数。

(4) 格值或比例因子标定。

机械式重力仪的每一格读数差代表的重力差称为格值,在电子式重力仪中每一读数代表的重力差称为比例因子。重力仪需进行格值年检,或经过大、中修后都必须在国家级格值标定场上检验和标定格值。若有显著变化,则求取格值校验系数进行校正。校验仪器格值时,若格值的相对变化不大于格值相对均方误差的2.5 倍,则认为格值是稳定的。否则必须到国家标定场重新标定格值,并分析原因,确定从何时开始对野外资料进行改算。格值校正方法同格值标定。

在标准点做格值标定观测时,采用三程循环观测方法。标准点间取得合格的读格差不少于 10 个,不合格的读格差不多于 3 个,而且对于不合格者必须分析原因,进行补测或重测。一个三程循环中最大最小读格差之差不小于 1 格。格值用式(15.4)计算:

$$C = \frac{\Delta G}{\Delta S} \qquad (15.4)$$

式中,C:仪器格值,10^{-5} m·s^{-2}/格;ΔG:两标准点间已知重力差值,10^{-5} m/s^2;ΔS:平均读格差,格。

格值测定精度用相对均方误差表示。当以平均读格差的相对均方误差代表格值相对均方误差时,其计算公式如下:

$$\eta_c = \pm \sqrt{\frac{\sum\limits_{i=1}^{n_s} v_i^2}{\dfrac{[n_s(n_s-1)]}{\Delta S}}} \tag{15.5}$$

式中,η_c:格值相对均方误差,10^{-5} m/s²;v_i:第 i 次($i=1,2,\cdots,n_s$,)读格值与平均读格差之差,格;n_s:独立读格差(独立增量)数。

要求格值相对均方误差 η_c 不大于 0.03%～0.05%,仪器格值变化大于相应格值测定相对均方误差的两倍时应重新确定格值。

2. 野外实测数据的混合零点改正计算——校正一

使用重力仪在野外普通测点上进行观测时,其读数的变化即包含了测点间相对重力的变化,也包含了仪器本身零位的变化,还包含了重力场随时间的变化。为了消除仪器本身零位变化和重力场随时间变化的综合影响,所进行的改正称之为混合零点改正。

在测量过程中利用两个不同基点(或同一个基点)进行控制,不但可以计算掉格系数,而且同样可以计算出各测点的混合零点改正值。其公式为

$$\delta_{g_i} = -K \cdot \Delta t_{iA} = -K(t_i - t_A) \tag{15.6}$$

式中,t_i:第 i 个测点上的读数时间;t_A:首基点读数时间;K:掉格系数,其表达式为

$$K = \frac{C \cdot (S_B - S_A) - (\Delta g_B - \Delta g_A)}{t_B - t_A} \tag{15.7}$$

式中,C:重力仪的格值,直接显示数字的仪器 $C=1$;S_B:尾基点读数;S_A:首基点读数;Δg_B:尾基点重力值;Δg_A:首基点重力值;t_B:尾基点读数时间;t_A:首基点读数时间。

进行混合零点改正和求取测点重力值的步骤如下:

(1) 计算各测点相对首基点的读数差,式中为该测点的平均读格数。

(2) 求取重力差。

(3) 计算随时间的零点位移率,即掉格系数 K。

(4) 根据各测点相对于首基点的读数时间差,求出混合零点位移改正值。

(5) 由式计算出各点改正后相对于首基点的重力差值。

(6) 将各测点相对于首基点的重力差值加上首基点的绝对重力值,即可求出该测点的绝对重力值。

3. 正常场改正(纬度改正)——校正二

正常场改正采用 1901～1909 年赫尔默特公式

$$\gamma_0 = 9780300(1 + 0.005302\sin^2\varphi - 0.000007\sin^2 2\varphi) \tag{15.8}$$

式中,γ_0:正常重力值,g.u.;φ:测点纬度,°,实际计算时,可通过坐标变换公式将测点的 x、y 坐标变换成经度(°)和纬度(°)。

当测区不大时,正常场梯度可近似常值,一般只作相对纬度的修正,其公式如下

$$\Delta \gamma = -8.14 \sin 2\varphi \cdot D \tag{15.9}$$

式中，$\Delta \gamma$：相对纬度校正值，g.u.；φ：测区中央纬度或总基点的纬度，°；D：测点与总基点的纬向距离（测点的 x 坐标与总基点 x 坐标的差值），在北半球，当测点在总基点以北时 D 取正值，在总基点以南时 D 取负值，其单位为 km。

实测重力差值，经过纬度改正、地形改正和布格改正后，所得到的异常称为布格重力异常。

4. 布格重力异常值的计算

绝对布格重力异常按下式计算：

$$\Delta g_{布} = g + \Delta g_b + \Delta g_T - \gamma_0 \tag{15.10}$$

相对布格重力异常按下式计算：

$$\Delta g'_{布} = g + \Delta g'_b + \Delta g_T - \Delta \gamma \tag{15.11}$$

上两式中，g：测点绝对重力值；Δg：测点相对总基点重力差值；Δg_T：局部地形校正值；γ_0：正常重力值；$\Delta \gamma$：相对纬度校正值；Δg_b：绝对布格校正值；$\Delta g'_b$：相对布格校正值。上述是完整的布格重力异常校正公式，由于实验实训场地平坦，不需要做地形校正、布格校正（中间层校正和高度校正），即此三项校正值均为零。

5. 检查点的精度评价

为了检查普通点上重力观测的质量，需要抽取一定数量的测点进行检查观测，一般检查点数应占总点数的 3%～5%。检查点的分布应做到在时间上、空间上都大致均匀，即每天（每一测段）的观测或每一条测线都应受到检查。检查应及时进行，以便及时发现问题。检查观测时应严格做到一同三不同（同点位、不同仪器、不同时间、不同操作员）或二同二不同（同点位、同仪器、不同时间、不同操作员）。

普通测点的观测均方误差以检查观测来评定，使用经过混合零点改正后的原始观测值和检查观测值计算。当在同一点上仅作一次检查观测时，测点观测均方误差计算公式为

$$\varepsilon_g = \pm \sqrt{\frac{\sum\limits_{i=1}^{n} \delta_i^2}{2n}} \tag{15.12}$$

式中，δ_i：第 i 点原始观测与检查观测值之差；n：检查点数。

当检查观测多于一次时，测点观测均方误差计算公式为

$$\varepsilon_g = \pm \sqrt{\frac{\sum\limits_{i=1}^{m} V_i^2}{m-n}} \tag{15.13}$$

式中，V_i：各检查点第 i 次观测值（包括该点参与计算平均值的原始观测值和所有检查观测值）与该点各次观测值的平均值之差；m：总观测次数（所有检查点上全部观测次数之和）；n：检查点数。

在普通重力勘探中一般要求检查结果中，或超过 2～3 倍普通点观测精度的点

数不得超过检查点数的 1%,否则应扩大检查量。检查点数不少于总观测点数的 5%,异常的检查点数不能少于总检查点数的 5%,详查阶段为总检查点数的 30%,个别的畸点可以删去,但不能超过总检查点数的 1%。当肯定质量有问题时,应根据具体情况作妥善处理(如有关测线返工或降低精度使用)。

【案例分析】

1. 探测目标

由于舜耕山地区植被茂密,表层主要被第四系松散层覆盖,出露地层有限。为了在宏观上了解该地区的地质构造情况,本次以舜耕山断裂为例,采用重力勘探中野外数据采集、数据处理与地质解释等几个阶段,分析舜耕山断裂的分布特征。

2. 野外数据采集步骤

(1) Z400 石英弹簧重力仪器安装、调试、实验监测。

(2) 早基点(网)建立及观测。

(3) 普通点观测。

(4) 检查点观测:一同三不同原则、分布均匀、个数不少于总点数的 5%。

(5) 晚基点(网)观测。

(6) 仪器归箱检查。

3. 数据处理

本重力勘探案例一共有 2 条测线,线距 197 m,①号、②号测线上分别有 23 个、18 个测点,点距均为 10 m。将每条测线上测得的重力采集数据分别进行混合零点校正、中间层校正、高度校正、纬度校正和地形校正后经公式计算得到 Δg(以②号测线为例,见表 15.1)。

表 15.1　②号测线经校正后的重力异常 Δg 值(单位:g.u.)

点号/线号	混改	中间层校正	高度校正	纬度校正	地形校正	Δg
1/2	0.74	6.71	−18.52	−0.94	0.54	−18.30
2/2	0.84	6.71	−18.52	−0.85	0.40	−14.39
3/2	1.11	5.59	−15.43	−0.73	0.25	−12.00
4/2	1.40	5.59	−15.43	−0.63	0.22	−11.80
5/2	1.53	5.59	−15.43	−0.56	0.10	−11.25
6/2	1.72	4.47	−12.34	−0.50	0.12	−8.16
7/2	1.82	4.47	−12.34	−0.42	0.23	−8.49
8/2	1.95	3.36	−9.26	−0.36	0.31	−6.60
9/2	2.09	1.12	−3.09	−0.30	0.24	−3.02

续表

点号/线号	混改	中间层校正	高度校正	纬度校正	地形校正	Δg
10/2	2.29	−1.12	3.09	−0.23	0.22	3.31
11/2	2.49	−1.12	3.09	−0.16	0.29	6.39
12/2	2.66	−2.24	6.17	−0.08	0.16	9.87
13/2	2.78	−2.24	6.17	0.00	0.22	10.50
14/2	3.01	−2.24	6.17	0.09	0.13	12.34
15/2	3.15	−2.24	6.17	0.19	0.12	12.71
16/2	3.25	−3.36	9.26	0.27	0.11	14.40
17/2	3.40	−3.36	9.26	0.35	0.07	15.97
18/2	3.57	−3.36	9.26	0.42	0.07	15.92

4. 地质解释

(1) 剖面图。

②号测线异常数据正负异常区分布明显,从北向南依次出现负异常-正异常的分布特点,以测点 9/2 与 10/2 中心为分界处,北侧为明显的正异常区,南侧发育负异常区,结合现场踏勘,测点 9/2 与 10/2 中心为逆断层发育位置(图 15.2)。

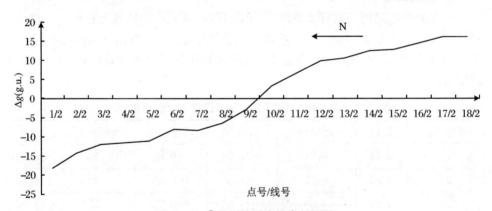

图 15.2 ②号测线重力异常剖面图

(2) 平面剖面图。

从图 15.3 中可以看出,①号、②号测线磁异常具有相似的分布规律,结合野外地质踏勘综合分析可得:由于二叠系上石盒子组石英砂岩密度小于奥陶系灰岩,因此重力异常表现为明显的负值区,位于舜耕山逆断层南侧;而奥陶系灰岩密度较大,因此重力异常表现为正值区。

(3) 平面等值线图。

从图 15.4 可以看出,重力负异常区相对集中于工区北部,正异常区主要分布在中南部。结合野外踏勘认识,工区北部发育二叠系上石盒子组石英砂岩(密度相对较弱),南部发育奥陶系灰岩(密度相对较强),中间过渡带为舜耕山逆断层,大致为 NE-SW 走向。

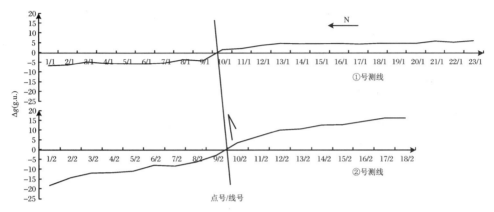

图 15.3　重力异常平面剖面图

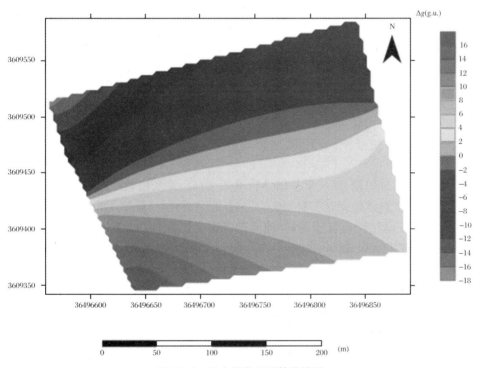

图 15.4　重力异常平面等值线图

【实验要求及注意事项】

(1) 严格遵守《大比例尺重力勘查规范》(DZT 0171—1997)的规定进行重力勘探实验。

(2) 严格遵守 Z400 型石英弹簧重力仪的操作流程、仪器维护规范。

(3) 认真做好实验数据的记录、整理、校正、解释等工作。

【思考题】

(1) 什么是地球重力场和重力异常？

(2) 重力勘探的应用前提是哪些？

(3) Z400 型石英弹簧重力仪的工作原理是什么？

(4) 重力勘探中断裂的识别标志有哪些？

(5) 相对布格重力异常可以反映哪些地质现象？

参 考 文 献

［1］ 李大心.地球物理方法综合应用与解释［M］.北京:中国地质大学出版社.2005.

［2］ 刘天放,李志聃.矿井地球物理勘探［M］.北京:煤炭工业出版社,1993.

［3］ 管志宁.地磁场与磁力勘探［M］.北京:地质出版社,2005.

［4］ 曾华霖.重力场与重力勘探［M］.北京:地质出版社,2005.

［5］ 何樵登,熊维纲.应用地球物理教程:地震勘探［M］.北京:地质出版社,1991.

［6］ 李亚美,陈国勋.地质学基础［M］.2版.北京:地质出版社,1994.

［7］ 杨士弘.自然地理学实验与实习［M］.北京:科学出版社,2002.

［8］ 国家安全生产监督管理局.地质勘探安全规程:AQ 2004—2005［S］.北京:煤炭工业出版,2005.

［9］ 国家技术监督局.地球物理勘查技术符号:GB/T 14499—93［S］.北京:中国标准出版社,1994.

［10］ 国家经济贸易委员会.石油重力、磁力、电法、地球化学勘探图件 SY/T 6055—2002:［S］.北京:石油工业出版社,2002.

［11］ 国家经济贸易委员会.石油物探测量规范:SY/T 5171—2003［S］.北京:石油工业出版社,2003.

［12］ 国家石油和化学工业局.石油物探全球定位系统(GPS)测量规范:SY/T 5927—2000［S］.北京:石油工业出版社,2000.

［13］ 国家质量技术监督局.全球定位系统(GPS)测量规范:GB/T 18314—2001

［S］.北京:中国标准出版社,2001.

［14］　国家质量技术监督局.地质矿产勘查测量规范:GB/T 18341—2001［S］.北京:中国标准出版社,2001.

［15］　中国石油天然气总公司.石油物探测量成果质量检验细则:SY/T 5828—93［S］.北京:石油工业出版社,1993.

［16］　中华人民共和国地质矿产部.物化探工程测量规范:DZ/T0153—95［S］.北京:中国标准出版社,1996.

［17］　中华人民共和国地质矿产部.大比例尺重力勘查规范:DZ/T 0171—1997［S］.北京:中国标准出版社,1997.

［18］　董焕成,石宝林,郝志刚.教学实习指导书(地球物理专业专用)［Z］,长春地质学院地球物理系,1993.

［19］　CG-5型重力仪操作手册.乔海燕,任杰,王志友,等译［Z］.东方地球物理公司综合物化探事业部仪器服务中心,2004.

［20］　吴燕冈,杜晓娟.应用地球物理教学实习指导［M］.北京:地质出版社,2010.

第十六章 磁法勘探实验

磁法勘探是利用磁力仪观测由岩石的磁性差异引起的磁场变化的一种物探方法，也称为磁力测量或磁测。按其观测的空间位置不同，可分为地面磁测、航空磁测及海洋磁测。

【实验目的】

(1) 学习 CZM-5 质子磁力仪的工作原理、基本操作技术。
(2) 了解磁法勘探的工作原理、工作布置、野外观测方法和流程。
(3) 掌握磁异常计算、数据处理流程、铁磁性地下管线解释的方法步骤。

【实验设备】

1. CZM-5 质子磁力仪简介

CZM-5 质子磁力仪由北京地质仪器厂生产，包括主机、4 根探杆、探头（含氢质子的液体）、数据线等。优点表现在测程范围大、分辨率高、抗干扰能力强、耗电量低、工作稳定可靠、重量轻、体积小、使用方便和计算简单（图 16.1）。

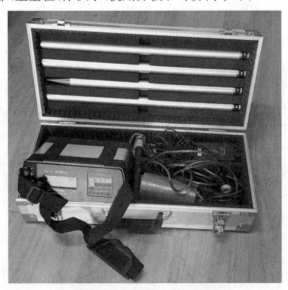

图 16.1 CZM-5 质子磁力仪

2．仪器的主要技术参数指标

（1）地磁场总场值测量范围：20000～100000 nT,可用于全球任意地域。

（2）磁测分辨率高达 0.1 nT。

（3）测程范围：20000～100000 nT。

（4）分辨率：0.1 nT。

（5）测程精度：总场强度 50000 nT±1 nT。

（6）梯度容限：≤5000 nT/m。

（7）环境温度：−15～＋50 ℃。

（8）环境湿度：≤95%(25 ℃)。

（9）电源：锂离子电池：(12.8～16.8)V/5 Ah,连续工作不少于 17 h(日变方式下,典型读数间隔为 10 s 时)。

（10）主机外形尺寸(长×宽×高)：260 mm×100 mm×230 mm。

（11）主机质量：约 2 kg。

（12）探头外形尺寸及重量：ϕ74 mm×150 mm,0.8 kg。

【实验原理】

磁法勘探应用的前提是目标体与围岩存在着磁异常,目前地球科学与工程实训中心布置的地下管线模型具有明显的铁磁性特征,与围岩存在着磁异常,可以满足此前提。本次实验可以通过 CZM-5 质子磁力仪进行数据采集、校正处理、磁异常计算反演,分析实验工区内地下管线模型展布情况。

【实验步骤】

1．编写野外施工设计

要求学生了解相应的行业技术规范、选择磁法勘探方法的原则,学习野外施工设计的内容和方法。

2．物探测量工作

（1）通过磁法勘探测网的布设,了解磁法勘探测网布设的工作步骤、内容与方法,学会简单的测网布设与联测,能够按照设计要求正确布设磁法勘探测网。

（2）了解测量误差对磁法勘探精度的影响,学会对测量结果的精度评价,能够提供合格的测量成果。

（3）掌握磁法勘探测网质量检查及精度评定。

3．仪器原理与操作

要求学生了解磁力仪的基本原理,掌握所提供磁力仪的操作要领与操作步骤;了解野外仪器实验的内容。

4．基点与日变站

要求学生了解建立基点与日变站的目的与意义;学习和掌握建立基点和日变

站的方法与要求;掌握日变观测与作图方法。

5. 普通测点观测

要求学生掌握普通测点的观测方法、质检方法和单项指标要求、日变改正方法以及精度要求。

6. 资料整理与绘图

要求学生学习和掌握磁测数据的整理方法,学会磁异常精度统计与分析方法;学会手工绘制或计算机绘制剖面图、平面剖面图、平面图及典型剖面的综合图件。

7. 简单处理与解释

要求学生学习和掌握实际磁法勘探资料的常规处理流程和方法,会对原始资料进行选择性处理,最终获得处理后的磁异常并进行初步地质地球物理解释。

【实验数据处理与结果分析】

1. 仪器实验结果的处理与分析

(1) 噪声水平测定(静态实验)。

使用磁力仪进行地面高精度磁测时,开工前必须测定仪器的噪声水平。当有 3 台以上的磁力仪同时工作时,可选择一处磁场平稳且不受人为干扰影响的地段,将所有仪器的探头置于此区,并使各仪器探头之间的距离在 20 m 以上,然后使这些仪器同时进行日变观测,在日变平稳时段进行秒级同步观测,以循环工作方式采集数据,循环时间为 2 s,读数时间间隔为 15 s,取 100 个以上的观测值按照式(16.1)计算每台仪器的噪声均方根值 S,公式为

$$S = \sqrt{\frac{\sum_{i=1}^{N}(x-\overline{x_i})^2}{N-1}} \tag{16.1}$$

式中,S:仪器的噪声水平,nT;x_i:i 时刻观测值,nT;$\overline{x_i}$:i 时刻的滑动平均值,nT;N:参与计算的数据个数。

(2) 观测误差测定(动态实验)。

在无人文干扰且磁场平缓(10~20 nT)的地方,建立一条观测路线,设观测点在 50 个以上。参与生产的各台仪器在这些点上作往返观测,观测值经日变校正后,根据式(16.2)计算各台仪器的观测均方根误差:

$$\varepsilon_{观} = \sqrt{\frac{\sum_{P=1}^{N}\delta_P^2}{2N}} \tag{16.2}$$

式中,$\varepsilon_{观}$:仪器观测均方根误差,nT;δ_P:第 p 点上前后两次观测值之差,nT;N:观测点数。

(3) 仪器一致性测定。

同一工区使用 2 台以上(含 2 台)仪器时,需进行仪器一致性测定,检测方法

如下:

① 选择浅层干扰较小且无人为干扰场影响的地区,在测线上布置 50～100 个点(点距大于 10 m,最好与实际工作点距大致相当)做好标记,要求穿过 10～200 nT 的弱磁异常变化区。

② 在早晨或晚上日变较小的情况下进行观测。

③ 使参加野外观测的所有仪器严格按操作步骤在所确定的点上进行往返观测,在观测中应尽可能保持点位一致、仪器高度相同,避免一切人为干扰。

④ 将观测值进行混合改正后,计算出各测点相对某固定点的差值。

⑤ 仪器一致性用总观测均方根误差衡量,用式(16.3)计算出每台仪器的均方误差(单台一致性),用式(16.4)计算出多台仪器的总的均方误差(多台一致性),即

$$M_{单一} = \pm \sqrt{\dfrac{\sum_{i=1}^{m} (\Delta T_i - \overline{\Delta T_i})^2}{m - n}} \qquad (16.3)$$

式中,n:观测点数;m:单台仪器往返总的观测次数,这里 $m = 2n$;$\overline{\Delta T_i}$:第 i 点上多台仪器往返观测的平均值。

$$M_{多} = \pm \sqrt{\dfrac{\sum_{j=1}^{k} \sum_{i=1}^{n} (\Delta T_{ij} - \overline{\Delta T_i})^2}{kn - n}} \qquad (16.4)$$

式中,k:某一观测点上,所有仪器,往返的总的观测次数;n,$\overline{\Delta T_i}$ 意义同上。

多台仪器的均方差应小于设计磁测总观测均方误差的 1/2,否则应对仪器进行检修或剔除,以保证磁测质量。

仪器的一致性不仅反映出仪器与仪器之间的偏差,同时也反映出探头与探头之间是否一致。当一致性均方误差小于仪器的均方误差的 1/2 倍时,可以不做探头一致性测试和主机的一致性测试;当一致性均方误差大于仪器的均方误差的 2/3 倍时,则要对探头和仪器主机一致性分别进行测试,以便确定是何原因造成的误差过大。具体做法是:探头一致性只用一台仪器在同点位做总场观测,采集 15 个以上数据后,换上另一探头再重复观测,直至所有探头测试完毕。对观测值进行日变改正,然后列表分析各探头观测值与平均值的偏差。仪器主机的一致性测试则是采用探头不变而更换主机的方式做同样的观测,其结果仍需经过日变改正后列表分析。

对仪器性能进行测定后,在性能符合野外生产的仪器中选择一个性能最好的进行日变观测,其他的进行野外生产,对性能不符合生产的仪器查明原因,进行修复。

2. 野外实测数据的整理与计算

(1) 检查与验算。

检查记录中各项填写是否完整、清楚,并且验算平均读数。

（2）计算读数差。

将各测点的平均读数 T_i 减去早基点（0 点）的平均读数 T_0 计算读数差 ΔT_i，即 $\Delta T_i = T_i - T_0$。

（3）日变改正（Δ_{1i}）。

从日变曲线图上查出日变影响值 Δ_1'。具体方法为：在时间轴（横轴）上定出早基点的读数时刻 t_0，过 t_0 点作一条平行于纵轴的直线，过该直线与日变曲线的交点作一条平行于横轴的直线如图 16.2 所示的虚线，此虚线即为该台仪器的日变曲线的零值线，就可以查出各个测点的日变影响值 Δ_{1i}'，而日变改正值 $\Delta_i = -\Delta_{1i}'$。

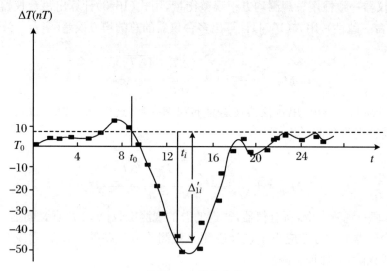

图 16.2　日变曲线

（4）综合影响改正值的计算方法（Δ_{2i}）。

质子磁力仪不受温度变化的影响，无零点漂移。但两次对基点消除日变 Δ_1 影响后，仍有差值，此差值 Δ_2 称综合影响。即

$$T_0' - T_0 = \Delta_1 + \Delta_2$$
$$\Delta_2 = T_0' - T_0 - \Delta_1 \tag{16.5}$$

此 Δ_2' 应按时间线性分配到各个测点上，其改正值为

$$\Delta_{2i} = \frac{-\Delta_2'}{\Delta t}(t_i - t_0) \tag{16.6}$$

式中，Δt：两次基点读数的时间差；t_i：测点的读数时间；t_0：早基的读数时间。

但是本次实验对总的 Δ_2 有要求：

若 $\Delta_2 > \dfrac{2}{3}$ 倍质量检查均方差时，则本次测量作废；

$\pm\dfrac{1}{2}$ 倍质量检查均方差时 $< \Delta_2 < \pm\dfrac{2}{3}$ 倍质量检查均方差时，按上述方法在测

点上作线性分配;

$\Delta_2 < \pm \dfrac{1}{2}$ 倍质量检查均方差时,可忽略不计而不作改正。

(5) 各测点磁异常计算。

综上所述,各测点异常值的算式应是

$$\Delta T_i = T_i - T_0 + \Delta_{1i} + \Delta_{2i} \tag{16.7}$$

3.检查点的精度评价

为了检查普通点上磁法观测的质量,需要抽取一定数量的测点进行检查观测,一般检查点数应占总点数的 3%～5%。检查点的分布应做到时间上、空间上都大致均匀,即每天(每一测段)的观测或每一条测线都应受到检查。检查应及时进行,以便及时发现问题。检查观测时应严格做到一同三不同(同点位、不同仪器、不同时间、不同操作员)或二同二不同(同点位、同仪器、不同时间、不同操作员)。

普通测点的观测均方误差,以检查观测来评定,使用经过综合影响改正、日变改正后的原始观测值和检查观测值计算。当同一点上仅作一次检查观测时,测点观测均方误差计算公式为

$$\varepsilon_g = \pm \sqrt{\dfrac{\sum\limits_{i=1}^{n} \delta_i^2}{2n}} \tag{16.8}$$

式中,δ_i:第 i 点原始观测与检查观测值之差;n:检查点数。

当检查观测多于一次时,测点观测均方误差计算公式为

$$\varepsilon_g = \pm \sqrt{\dfrac{\sum\limits_{i=1}^{m} V_i^2}{m-n}} \tag{16.9}$$

式中,V_i:各检查点第 i 次观测值(包括该点参与计算平均值的原始观测值和所有检查观测值)与该点各次观测值的平均值之差;m:总观测次数(所有检查点上全部观测次数之和);n:检查点数。

在普通磁法勘探中一般要求检查结果中,$\delta_i/2$ 或 $V_i/2$ 超过 2～3 倍普通点观测精度 ε_g 的点数不得超过检查点数的 1%,否则应扩大检查量。检查点数不少于总观测点数的 5%,异常的检查点数不能少于总检查点数的 5%,详查阶段为总检查点数的 30%,个别的畸点可以删去,但不能超过总检查点数的 1%。当确定质量有问题时,应根据具体情况作妥善处理(如有关测线返工或降低精度使用)。

【实验要求及注意事项】

(1) 严格遵守《地面磁勘查技术规程》(DZ/T 0144—94)进行磁法勘探实验。

(2) 严格遵守 CZM-5 型质子磁力仪的操作流程、仪器维护规范。

(3) 野外采集过程中穿戴无磁性衣服等,避免人为铁磁性干扰。

(4) 认真做好实验数据的记录、整理、校正、解释等工作。

【思考题】

(1) CZM-5 型质子磁力仪的工作原理是什么?

(2) 磁法勘探中日变产生的原因和特点是什么?

(3) 磁异常可以反映哪些地质现象?

参 考 文 献

[1] 李大心.地球物理方法综合应用与解释[M].北京:中国地质大学出版社,2005.

[2] 刘天放,李志聃.矿井地球物理勘探[M].北京:煤炭工业出版社,1993.

[3] 管志宁.地磁场与磁力勘探.北京:地质出版社,2005.

[4] 曾华霖.重力场与重力勘探.北京:地质出版社,2005.

[5] 何樵登,熊维纲.应用地球物理教程:地震勘探[M].北京:地质出版社,1991.

[6] 李亚美,陈国勋.地质学基础[M].2 版.北京:地质出版社,1994.

[7] 杨士弘.自然地理学实验与实习[M].北京:科学出版社,2002.

[8] 国家安全生产监督管理局发布.地质勘探安全规程:AQ 2004—2005[S].北京:煤炭工业出版,2005.

[9] 国家技术监督局.地球物理勘查技术符号:GB/T 14499—93[S].北京:中国标准出版社,1994.

[10] 国家经济贸易委员会.石油重力、磁力、电法、地球化学勘探图件:SY/T 6055—2002[S].北京:石油工业出版社,2002.

[11] 国家经济贸易委员会.石油物探测量规范:SY/T 5171—2003[S].北京:石油工业出版社,2003.

[12] 国家石油和化学工业局.石油物探全球定位系统(GPS)测量规范:SY/T 5927—2000[S].北京:石油工业出版社,2000.

[13] 国家质量技术监督局.全球定位系统(GPS)测量规范:GB/T 18314—2001[S].北京:中国标准出版社,2001.

[14] 国家质量技术监督局.地质矿产勘查测量规范:GB/T 18341—2001[S].北京:中国标准出版社,2001.

第十七章　工程测井实验

工程测井是在井孔中测量一系列能够反映井周围地层声、光、电、热、核、磁和力等各种岩石的物理信息,通过综合分析这些信息为地质研究、工程施工和矿产资源勘探等提供解释依据的一种地球物理勘探方法。同学们通过课堂学习,已经基本掌握了各种测井方法的原理。通过本实验环节,可进一步加深学生对测井基本概念、方法原理、资料处理与解释等专业知识的理解,提高学生的测井基础理论水平,培养学生分析和解决实际专业问题的能力,以适应社会需要。本次现场工程测井实验以自然电位测井为主,其他测井方法的测量过程大致相同。

【实验目的】

(1) 了解 JGS-1B 型智能工程测井系统的基本功能和使用方法。

(2) 掌握自然电位测井的工作原理、仪器连接和现场操作流程。

(3) 学习测井数据的处理流程和解释方法,能够根据测井曲线进行地层分析和评价。

【实验设备】

JGS-1B 型智能测井系统是一套轻便的小口径测井设备,由重庆地质仪器厂制造,适用于固体金属和非金属数字测井、煤田数字综合测井、煤层气测井、水文和工程地质数字测井以及其他矿产的数字综合测井,在地矿、有色、冶金、煤田、核工业、采金、地震、水利、电力、铁路、公路等系统得到广泛应用。

现场测井数据采集系统包括:地面测井主机、绞车电缆、下井仪器几部分,下井仪器种类很多,自然电位的测量用到的是 JD-2 型管。

1. JGS-1B 型智能工程测井仪主机

JGS-1B 型智能工程测井仪主机操作界面如图 17.1 所示。

测井仪主机工作的主要技术指标如下:

(1) 计数通道频率:≤2 MHz。

(2) 数字信号传输速率:9600 bit/s。

(3) 电测供电电流:1~500 mA 可选。

(4) 模拟信号输入范围:±10 V。

(5) 深度显示范围:0~9999.99 m,误差≤0.4%。

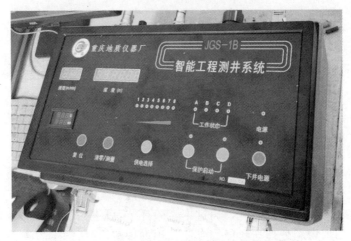

图 17.1 JGS-1B 智能工程测井仪主机操作界面

(6) 测井速度:0~30 m/min 可调。

(7) 工作环境:−10~+50 ℃,95%RH。

(8) 工作电源:AC 220 V(1±10%),50 Hz(1±5%)。

(9) 外形尺寸(长×宽×高):480 mm×280 mm×230 mm。

(10) 质量:10 kg。

2. 测井绞车、电缆

测井绞车、电缆的主要技术指标如下:

(1) 外形尺寸(长×宽×高):710 mm×620 mm×670 mm。

(2) 质量(净):110 kg。

(3) 变频电机功率:1.1 kW。

(4) 编码器脉冲数:4000/主轮 1 圈。

(5) 电缆长度(直径 4.65 mm):300 m。

(6) 集流环芯数:6。

3. JD-2 电极系探管

电极系探管的主要技术指标如下:

(1) 可测参数:自然电位、电位电阻率、梯度电阻率。

(2) 探管外径:40 mm。

(3) 探管长度:2332 mm。

(4) 电极排列:A1.6M0.4N。

(5) 承受压力:≤15 MPa。

(6) SP 测量范围:−2~+2 V。

(7) SP 测量精度:±2.5 mV。

【实验原理】

自然电位测井技术是世界上出现最早的电测井方法之一。当井孔内的水的含盐度与地层水的含盐度不同时,会依据溶液的浓度差形成离子的扩散与吸附作用,当井液压力与地层压力不同时,在地层的空隙内会由于压力差产生过滤反应,而在这井壁附近所发生的电化学过程会产生电动势,形成自然电场,产生的电位称之为自然电位。而自然电位测井就是在不供电的情况下将测量电极放入井孔中测量井轴上自然产生的电位来研究井剖面地层性质的一种方法。

自然电位测井装置如图 17.2 所示,电极 M 置于井孔内,电极 N 置于地面,实验开始时,电极 M 会在井内自下而上运动,运动过程中用仪器测量两电极间的电位差,就会获得一条关于井孔相关信息的自然电位曲线。目前地球科学与工程实训中心布置的钻孔深度约为 20 m,满足自然电位测井实验的需要。

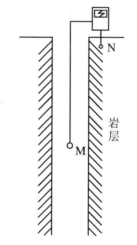

图 17.2　自然电位测井原理图

【实验步骤】

1.仪器连接

仪器主机主要连接三个接口:电缆接口、串口接口和电源接口。① 电缆接口连接缆车,缆车上有对应的连接线连接探管,如果是室内教学,可直接连接检测线。② 串口线连接电脑,如果没有对应的接口,需要使用 USB 转换线对接口进行转换。③ 电源接口接上 220 V 交流电。仪器各接口位置和连接正确(图 17.3)后的主机显示情况如图 17.4 所示(注意:如果进行普通电阻率测井,还需要连接一个井口电极(回流电极 B 极),在井口附近位置将一个电极凿入地下,然后用导线与仪器主机接线柱连接)。

图 17.3　JGS-1B 智能测井仪连接情况

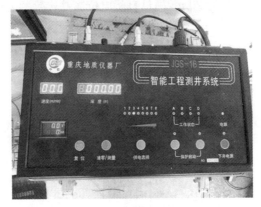

图 17.4　主机电源接通后仪器界面显示情况

2. 测井主机操作

测井数据采集操作步骤如下：

（1）启动主机电源和绞车控制器电源，打开测井软件"智能测井系统 3.1"，新建工作目录，方便后期管理（图 17.5）。

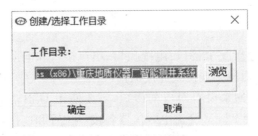

图 17.5　新建工作目录

（2）点击"开始测井"（图 17.6），并进行参数设置。首先根据测量参数选择探管型号和测井方向，一般的工程测井仪器的探管都是向下进行测量的，因为如果发现问题可以向上补测数据。然后准确填写起始深度、终止深度和采样间隔等,测量的起始深度是井口到探管测量深度点之间的距离,终止深度一般比实际井深小一些,以防仪器探头触底,采样间隔为 0.1 m。最后根据实际情况填写井孔参数、记录参数(图 17.7)。

图 17.6　新建工作目录

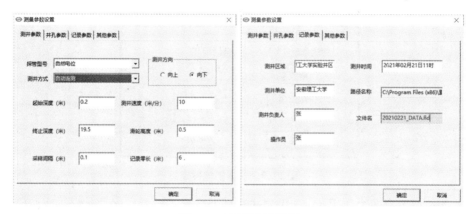

图 17.7　测量参数设置

(3) 参数设置完毕以后,先不要急着点"确定",需要先在测井主机面板上点击"复位"键,更新测量参数信息,等待 2 s,然后再点击"确定"键发送数据;随后打开下井电源,利用绞车控制探管进行测量,这时电脑屏幕上会出现测量数据(图 17.8)。

(4) 等到达终止深度时,停止测量,关闭绞车和下井电源,点击"结束测井"按钮,保存测井数值。

【实验数据处理与结果分析】

1. 实验数据处理

在数据测量完成后,需对数据进行简单处理,下面对测井软件的数据处理功能进行简单介绍。

(1) 在软件菜单栏"显示设置"中进行"初值设定"(图 17.9)。

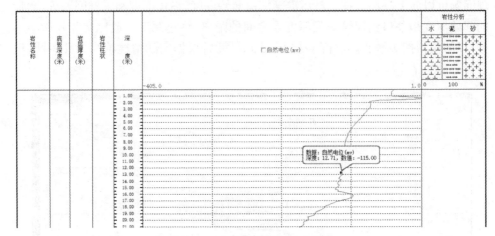

图 17.8　自然电位测井实测曲线

图 17.9　测量初值设定

初位设定有两个作用：① 如果测井时只需要显示原始数据，则选择"原始值"；如果在测井中需要显示参数的真实值，则选择"刻度值"，此时必须要正确输入该参数的标定系数（选择刻度值之前，在下面的窗口中输入），不同的探管标定系数不同。在保存数据时既保存刻度值文件，同时又保存原始数据文件。此外，原始数据文件也可以通过"数值计算"得到参数的刻度值（图 17.10）。② 为预防测井过程中发生意外，测井数据可以根据设定的自动保存间隔自动保存（备份）数据，测井结束时，如果文件保存失败，则还可以使用该备份文件。

（2）点击 $\boxed{\overline{\underline{\longleftrightarrow}}}$ 图标，设置曲线的横向比例尺，可根据测量数值大小进行适当调整。

（3）显示测井数据（曲线）。点击 图标，可以设置曲线颜色、线宽及曲线栏的宽度。 图标的作用是设定曲线的显示方式，"正常显示"时曲线可以超出曲线栏（图 17.11）。

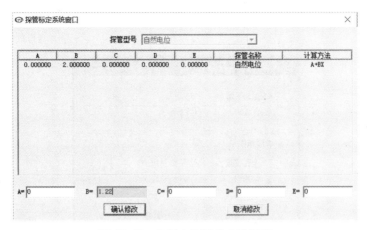

图 17.10　自然电位测井曲线刻度

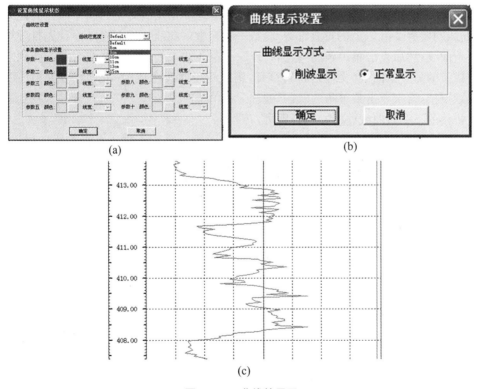

图 17.11　曲线的显示

(4) 上下移动曲线。按住 $\updownarrow\uparrow\updownarrow\downarrow$ 图标,进行曲线的上下移动(点击一次移动步长为一个采样间隔)。

(5) 剔除曲线的异常点。首先需要选中曲线,然后设置下面的对话框,超出上下界的值会被剔除,既可以对某一深度段进行,也可以对整条曲线进行(图17.12)。

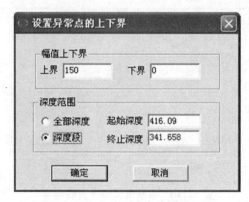

图17.12　曲线异常点的剔除处理

(6) 曲线的拼接(合并)和分段。曲线拼接是将分几次测得的同一口井的曲线(曲线间要有2 m以上的重叠部分)合成一条完整的曲线。按深度顺序首先打开第一条曲线,然后点击菜单条的"数据处理"→"单条曲线处理"→"曲线合并",找到需要拼接的另一条曲线(文件),将其打开,则这两段曲线合成为一条曲线,如果还要继续拼接,再次点击菜单条的"数据处理"→"单条曲线处理"→"曲线合并",找到需要拼接的下一条曲线(文件)打开即可。

曲线的分段是在一条曲线中截取一部分形成一个新文件。点击曲线选段,出现如图17.13所示的对话框。在对话框中输入曲线段的深度位置,点击"添加"按钮,点击"确定"按钮,输入新的文件名保存为一个新的文件(分段曲线)。

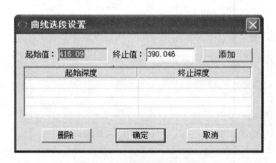

图17.13　曲线选段设置

(7) 合成综合曲线。点击"数据处理"/"合成综合曲线",再添加想要合成的曲线文件,双击导入,最后点击"确定"即可(图17.14)。

(8) 添加地层岩性柱。将鼠标移动到岩性柱状栏位置,出现岩性分层线,点击鼠标,出现下面的对话框,选择"岩性",点击"添加剖面"按钮,点击"确定"按钮,则岩性柱状自动形成(图17.15)。

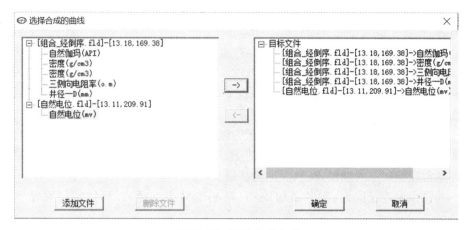

图 17.14　测井曲线合成

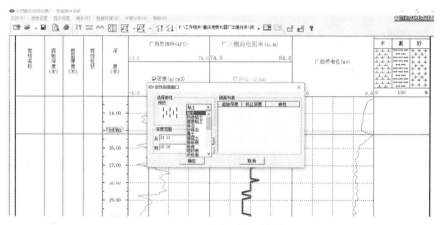

图 17.15　添加地层岩性柱

如果用户要自制岩性符号，则点击"岩性编辑"按钮，选择一个和要自制的岩性符号相似的岩性，在岩性名称处输入自己为岩性符号取的名称，点击"添加"按钮，则新的岩性名称出现在右边的岩性栏中，此时，修改或编辑（用鼠标点击小格）左边的岩性花纹符号，修改或编辑完成后，点击"更新"按钮，则新的岩性符号形成并添加到当前的岩性库中。

（9）曲线的保存。软件提供了两种可供用户选择的文件格式：① 暗码文件，在保存时选择后缀为 DAT。② 明码文件，在保存时选择后缀为 FLD。这两种格式的文件可以相互转化。

2．实验结果分析

（1）根据测井曲线特征定性识别储集层和非储集层。

自然电位在砂岩层有明显的异常，异常的方向和幅度取决于泥浆滤液电阻率（R_{mf}）和地层水的电阻率（R_w），或者说和 R_{mf} 与 R_w 的比值有关，如果 $R_{mf}>R_w$，则为负异常,否则为正异常。如果砂层中不含放射性矿物,自然伽马曲线亦显示低值。

微电极曲线一般在砂岩层幅值高,并出现正幅差;而泥岩的幅度和幅差均较低,当井眼条件不好时,可能会出现曲线跳动现象。砂岩中含灰质较多的夹层因为致密所以电阻率异常高,幅度差很小或没有。一般幅度差的大小反映了储集层渗透性的好坏。

普通电阻率测井曲线在泥岩处显示为低值,在砂岩处显示为高值,含油砂岩的幅值就更高,如有两条探测深度不同的 R_a 曲线,幅值的差别显示了低侵还是高侵。通常在油层上为低侵,在水层上为高侵。

井径在泥岩层扩大,在砂岩层缩小(略小于钻头直径)。具体特征总结见表17.1。

表 17.1 砂泥岩剖面测井响应特征

测井方法	砂岩(储集层)	泥岩(非储集层)
自然电位	负异常($R_w < R_{mf}$);正异常($R_w > R_{mf}$)	泥岩基线
自然伽马	低	高
井径	缩径	扩径
深中浅电阻率	高阻,正差异	低阻,差异不明显
声波时差	$<300\ \mu s/m$	$>300\ \mu s/m$
钍	低	高
铀	低	高
钾	低	高

(2) 储集层参数定量评价。

① 泥质含量的计算。

根据 GR、SP,求 V_{sh}。计算公式如下:

$$V_{GR} = \frac{GR - GR_{min}}{GR_{max} - GR_{min}} \tag{17.1}$$

$$V_{sh} = \frac{SP - SP_{min}}{SP_{max} - SP_{min}} \tag{17.2}$$

$$V'_{sh} = \min(V_{GR}, V_{SP}) \tag{17.3}$$

$$V_{sh} = \frac{2^{G_{cu}R \cdot V'_{sh}} - 1}{2^{G_{cu}R} - 1} \tag{17.4}$$

式中,GR_{min}:砂岩的自然伽马值,API;GR_{max}:泥岩层的自然伽马值,API;$G_{cu}R$:与地层有关的经验系数,新地层(第三系地层)$G_{cu}R = 3.7$,老地层 $G_{cu}R = 2.0$。

② 孔隙度的计算。

孔隙度的大小反映了地层储集性能的好坏。可以利用三种孔隙度测井中的任一种方法来估算地层孔隙度。

a. 密度测井。

$$\phi = \frac{\rho_b - \rho_{ma}}{\rho_f - \rho_{ma}} - \frac{V_{sh}(\rho_{sh} - \rho_{ma})}{\rho_f - \rho_{ma}} \tag{17.5}$$

式中,ρ_b:测井密度,g/cm^3;ρ_f:孔隙流体的密度,s/cm^3;ρ_{ma}:岩石骨架的密度,s/cm^3。

b. 声波测井。

$$\phi = \frac{\Delta t - \Delta t_{ma}}{(\Delta t_f - \Delta t_{ma})C_P} - \frac{V_{sh}(\Delta t_{sh} - \Delta t_{ma})}{\Delta t_f - \Delta t_{ma}} \tag{17.6}$$

式中,Δt:声波时差,$\mu s/m$;Δt_f:孔隙流体的声波时差值,$\mu s/m$;Δt_{ma}:岩石骨架的声波时差值,$\mu s/m$;C_P:地层的压实校正系数。

c. 补偿中子测井,一般采用忽略骨架含氢指数的计算方法,即

$$\phi = \phi_N - V_{sh} \cdot \phi_{Nsh} \tag{17.7}$$

式中,ϕ_N:补偿中子测井值,p. u.;ϕ_{Nsh}:泥质的中子测井值,p. u.。

③ 渗透率的计算。

渗透率反映了地层中流体的可流动能力。可以采用 Timur 公式计算地层绝对渗透率:

$$K = \frac{0.136 \cdot \phi^{4.4}}{(S_{wb}^2)} \tag{17.8}$$

式中,S_{wb}:束缚水饱和度,%,可用泥质含量代替;ϕ:孔隙度,%;K:绝对渗透率,$10^{-3} \mu m^2$。

④ 饱和度的计算。

饱和度是评价地层含油气量或含水量最直观的参数之一。砂、泥岩地层的饱和度计算可以参考下面两种形式。

a. 采用 Simandoux 公式的简化形式:

$$S_w = \frac{1}{\phi}\left(\sqrt{\frac{0.81R_w}{R_t}} - V_{sh}\frac{R_w}{0.4R_{sh}}\right) \tag{17.9}$$

式中,R_w:地层水电阻率,$\Omega \cdot m$;R_t:地层真电阻率,$\Omega \cdot m$;R_{sh}:泥岩电阻率,$\Omega \cdot m$。

b. 采用 Archie 公式:

$$S_w = \left(\frac{a \cdot R_w}{\phi^m \cdot R_t}\right)^{\frac{1}{n}} \tag{17.10}$$

式中,a:F-ϕ 关系式中的系数;m:F-ϕ 关系中的指数;n:Archie 公式中的饱和度指数。通常取 $a=1$,$n=2$,按 $m=1.87+0.019/\phi$ 计算 m。当 $\phi>0.1$ 时,令 $m=2.1$;当 $m>4$,$m=4$。

【实验要求及注意事项】

1. 实验要求

(1) 严格遵守《测井作业安全操作规范》进行工程测井实验。

（2）认真总结实习内容和具体过程。

（3）独自绘制测井曲线,提交测井解释结果和报告。

2. 注意事项

（1）接线要牢靠,注意维护好现场安全,人员远离 220 V 交流电源,避免触电。

（2）野外工作时,仪器要放置在一块塑料布或板上,以防潮湿漏电。平时仪器要放置在远离地面的架子上,以免受潮,最好放置在有干燥剂的防水袋内。

（3）因仪器采用液晶显示,因此应尽量避免长时间在太阳下直接曝晒(尤其在夏季),冬季也不要在 -10 ℃以下工作,并且要防止风沙、尘土及水蒸气进入仪器。

（4）不了解仪器的人员不要随便打开仪器,仪器有故障时要由有修理能力的技术人员在室内修理,或送厂家修理。

【思考题】

（1）井中泥浆矿化度和地层水矿化度的差异如何影响自然电位测井曲线在砂岩和泥岩层段的响应特征?

（2）评价地层孔隙度、渗透率和饱和度时都需要哪些测井数据? 它们的具体计算公式是什么?

（3）砂岩(储层)和泥岩(非储层)的自然电位、电阻率、声波时差和井径测井曲线特征有哪些?

参 考 文 献

[1] 洪有密.测井原理与综合解释[M].北京:石油大学出版社.2008.

[2] 楚泽涵.地球物理测井方法和原理[M].北京:石油大学出版社,2007.

[3] 郭云峰.自然电位测井的应用[J].国外测井技术,2017,38(5):48-50.

[4] 董焕成,石宝林,郝志刚.教学实习指导书(地球物理专业专用)[Z].长春地质学院,1993.

[5] 吴燕冈,杜晓娟.应用地球物理教学实习指导[M].北京:地质出版社,2010.

第十八章　跨孔地震波 CT 实验

【实验目的】

(1) 掌握跨孔地震波 CT 实验的基本原理和操作流程。

(2) 了解跨孔地震波 CT 系统的组成结构。

(3) 了解跨孔地震波 CT 资料整理与解释的方法。

【实验设备】

拾振器(三分量检波器)、电火花震源、便携式地震仪及便携式计算机。

【实验原理】

跨孔地震波 CT 法就是设置相隔一定距离的两个平行钻孔,一个孔设置激震器,作为震源,另一个孔放置检波器,接收地震波信号来检测并通过层析成像的方法反演两个平行钻孔间竖向介质的剪切波(S 波)和压缩波(P 波)波速,如图 18.1 所示。

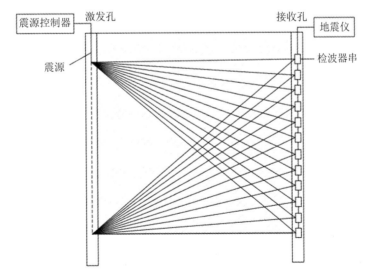

图 18.1　跨孔地震波 CT 法测试示意图

跨孔地震波 CT 法的原理为直达波原理,其成像主要包括射线追踪和图像法重建(反演)两部分。地震勘探学的基本问题即是预测两点间射线路径及相应走时,但难点在于速度和传播路径的几何形状非线性关系。射线追踪算法主要是基于两点间的射线路径反演问题,分为直线追踪与曲线追踪,两种射线追踪法各有优缺点及适用条件,如图 18.2 所示。

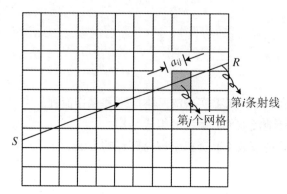

图 18.2　射线追踪网格划分示意图

两钻孔间的地震波走时数据满足方程:

$$t_{ij} = \int_{r_{ij}} s(x, y) \mathrm{d}l \tag{18.1}$$

式中,i:激发点序号($i = 1, 2, 3, \cdots, m$);j:接收点序号($j = 1, 2, 3, \cdots, n$);r_{ij}:射线路径;s:慢度,即速度的倒数。

【实验步骤】

1. 测孔布置

实验方法是在实验场地上打 3 个直线排列的钻孔,其中包括 1 个振源孔和 2 个接收孔。钻孔应垂直,当孔深大于 15 m 时,应对钻孔的倾斜度和倾斜方位进行量测,量测精度应达到 $0.1°$,以便对激振孔与检波孔的水平距离进行修正。

测试孔的间距在土层中宜取 2~5 m,在松软土地区,孔间距不宜超过 4 m;在岩层中宜取 8~15 m。测试时,根据工程情况和地质分层,每隔 1~2 m 布置一个测点,当测试深度大于 15 m 时,测点间距不应大于 1 m。

2. 孔内测点布置

测点垂直间距宜取 1~2 m,近地表测点宜布置在 0.4 倍孔距深度处,震源和检波器应置于同一地层的相同标高处。

不应将测点布置在软硬土层的交界面处。因为在软土层中,剪切波通过硬土层界面折射后,可能比直达剪切波要先到达检波器,造成测到的是折射的剪切波的波速,而不是软土层的剪切波速。

3．测试步骤

（1）同时将激发器与接收器分别放入两个孔内至预定的测点标高，并固定。

（2）调整仪器至正常状态。

（3）激发震源，接收信号并储存。

（4）当采用一次成孔测试时，测试工作结束后，应选择部分测点作重复观测，其数量不应少于测点总数的 10%。也可采用震源孔和接收孔互换的方法进行检测。

（5）在现场应及时对记录波形进行鉴别判断，确定是否可用；如不合格，在现场可立即重做。

【实验数据处理与结果分析】

跨孔地震波 CT 法的数据处理主要分为 3 个步骤：

（1）带通滤波。主要是滤除地震波记录中的干扰信号和噪声，突出有效波，滤波的效果直接影响地震波初至走时的拾取，从而进一步影响层析成像的精度。滤波后的记录如图 18.3 所示。

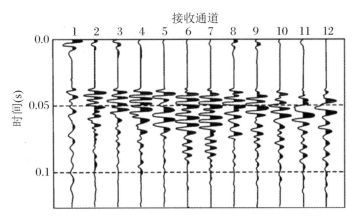

图 18.3　滤波后的记录

（2）拾取初至波走时。由于初至波能量很强，有明显的波峰或波谷，因此正常情况下，初至时间取在初至波信号起跳位置。

（3）成像平面网格离散。为保证成像时有较高的分辨率，必须指定合适的网格尺寸。首先，一般来说，成像区被网格离散后必须保证一个网格至少有一条射线经过。其次，对成像物理分辨率的估计对网格尺寸的划分也具有参考意义。

处理后的数据由 Surfer 软件进行剖面成图，如图 18.4 所示。

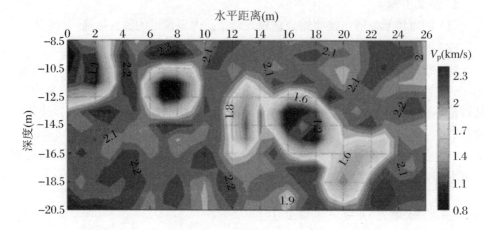

图18.4 孔间地震波速度剖面

【实验要求及注意事项】

(1) 设计一对钻孔的地震波 CT 数据采集方案。
(2) 以小组为单位完成一对钻孔的地震波 CT 数据采集、处理和成像。

【思考题】

(1) 如何判断采集的单炮记录质量？
(2) 在记录中，可以从哪几个方面区分 P 波和 S 波？
(3) 现场施工时，如何保证震源信号的有效性？

参 考 文 献

[1] 张赛民.跨孔地震层析成像研究[D].长沙:中南大学,2003.
[2] 肖宽怀,刘浩,孙宇,等.地震 CT 勘探在昆石公路隧道病害诊断中的应用[J].地球物理学进展,2003,18(3):472-476.
[3] 张平松,李永盛,杨华忠.硬岩深孔爆破破坏范围地震波 CT 测试[J].工程勘察,2012,5:30-33.
[4] 郭云峰,胡晓娟,游敬密.地震波跨孔 CT 探测孤石中直线与曲线追踪法的应用[J].工程地球物理学报,2015,12(3):361-366.

第十九章　跨孔电磁波 CT 实验

【实验目的】

（1）使用跨孔电磁波 CT 探测矿体、溶洞、破碎带等各种地质体的分布，圈定其边界，确定其产状和延伸。

（2）熟悉 JW-6Q 型电磁波 CT 仪的使用方法。

【实验设备】

跨孔电磁波实验所采用的仪器主要是 JW-6Q 型地下电磁波仪，仪器系统主要由钻孔发射机（探管）、钻孔接收机（探管）、地面控制和数据采集器（收、发各一）、天线及其辅助设备、充电器等组成，如图 19.1 所示。

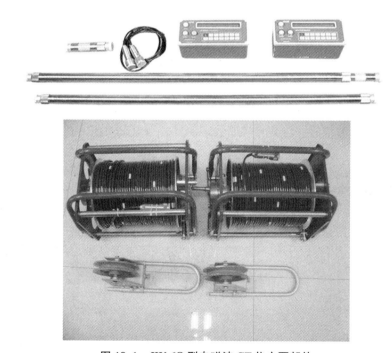

图 19.1　JW-6Q 型电磁波 CT 仪主要部件

【实验原理】

跨孔电磁波CT(图19.2)涉及电磁波在地下有耗介质空间的辐射、传播与接收,其正演与反演问题的基础是电磁场理论与天线理论。在电磁波以射线传播的近似条件下,其观测场强计算如下:

$$E = \frac{E_0 f(\theta)}{R} \mathrm{e}^{-\int \beta \mathrm{d}l}$$

式中,E_0:初始辐射场强,$\mathrm{V/m}$;R:电磁波传播的直线路径长度,m;$\mathrm{d}l$:路径的积分元,m;β:地下介质的吸收系数,$\mathrm{dB/m}$;$f(\theta)$:与发射和接收天线有关的方向因子函数。

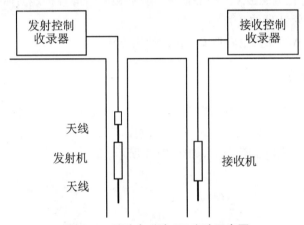

图 19.2　跨孔电磁波 CT 实验示意图

井间电磁波CT是在成对钻孔之间的相同或不同深度,由发射机在一个钻孔中不间断地发射一定频率范围内的电磁波信号,接收机在另一钻孔中接收穿过沿岩层传播的电磁波信号并将其转换成数字信号。当电磁波在完整灰岩等相对均匀介质中传播时,因完整灰岩等具有高电阻率和低介电常数性质,对电磁波信号的吸收作用较弱;当电磁波信号在岩层中传播时遇到岩溶发育区或破碎带,则会被大幅度吸收而出现强烈衰减。可以根据在地下空间中不同发射角度的电磁波能量衰减值,利用反演算法得出地下介质的吸收系数空间分布,重建钻孔之间剖面的吸收系数二维图像。根据介质电磁特性与地下介质的地层、构造的相关关系,重构地下结构与构造的地质剖面图,可用以探测矿体、溶洞、破碎带等各种地质体的分布,圈定其边界,确定其产状和延伸。

【实验步骤】

1. 仪器连接

(1) 确定工作频率。

根据岩石的高频特性、钻孔间的距离、被探测客体离钻孔的距离和大小的估计值选择适当的工作频段或频率,选择时可参照有关手册;根据工作频段选择天线。电波测井时不管选用什么频段(或)频点一律用小天线。

(2) 发射机的连接。

① 从探管的上端抽出发射机内管,把内管中部的电源总开关打开。

沿如图 19.3 所示方向将开关钮向上推使开关合上。此时钻孔发射机的单片机控制系统开始工作并等待地面仪器主机命令确定工作方式。在接到地面的电源开命令前,钻孔发射机其他各部分电路电源未接通,仪器耗电仅为 60 mA。

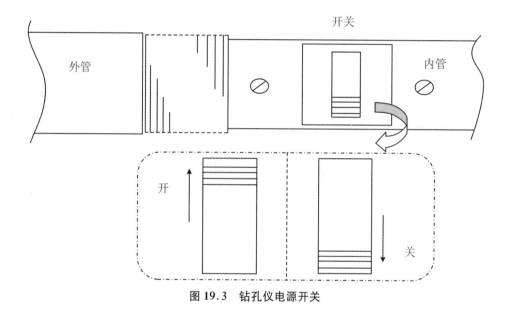

图 19.3　钻孔仪电源开关

② 将内管插入外管中,使上天线插座上的销钉推入外管头上的缺口中,拧紧连接螺环。

③ 将上天线插入探管上端插座中,上天线另一端插入发射机滤波器。绞车电缆接头插入滤波器另一端。地面数据收录控制器 Sensor I/O 口通过专用连接电缆与绞车集流环连接。发射机下天线插座插入 100 Ω 假负载。

④ 若发射机工作正常,便接上所选定的下天线。接入上、下天线时一定要对准插针,插头推到底并拧紧连接螺环。

⑤ 下天线重锤接头插入重锤中并用改锥拧紧螺钉,以防松动脱落。

⑥ 进行双孔透视测量时,将发射机放入钻孔中预定位置后再通过面板(Switch)键打开钻孔发射机其他电路电源。这样发射机工作更安全省电。

⑦ 工作结束时先通过面板关闭钻孔发射机电路电源,然后抽出发射机内管,再关闭总开关(否则仪器放置时间长,电量耗尽损坏蓄电池,并且也无法充电),回基地后及时用专用充电器充电。

⑧ 最后将探管两头及天线接头等均罩上保护罩。

（3）接收机的连接。

① 从探管上端抽出接收机内管，将内管中部的电源总开关打开。如图 19.3 所示，此时接收机的单片机开始工作并等待地面命令。其余电路未接通，耗电约 60 mA。

② 将内管推入外管中，使上插头座（带滤波器）上的销钉推入外管头上的缺口中，拧紧连接螺环。

③ 将绞车电缆插头插入上插头座，地面面板 Sensor 口通过专用线与绞车集流环连接。此时即可通过面板操作接收机。可测量接收机噪声在 −130 dB 以下，初步表明仪器正常。若接上检查用小天线，可通过发射机和接收机的同步操作检查各点频及扫频、同步的工作情况。接收机收到 −80～−60 dB 信号表明仪器收发均工作正常。

④ 若接收机工作正常，将下天线插入重锤孔（只有下天线），拧紧螺环。

此时接收机即可放入钻孔工作。工作后的操作及注意事项与发射机相同。

2. 仪器操作

JW-6Q 型电磁波仪的发射机、接收机各配有一地面收录、控制器，仪器的操作主要是通过它们来完成的。

（1）开机。

首先确定仪器电池是否有电，按面板上的"On/Off"键便可开关收录、控制器。打开仪器后进入监控状态，显示器显示如下信息：

JW-6Q（Ver3.O）

Copyright 201X. X IGGE

（2）键盘的使用。

使用收录、控制器的键盘可以做如下工作：选择菜单、设置系统参数、井下仪器控制、记录数据、输出数据。

每一键有两种功能，即上行功能和下行功能，具体是哪种取决于是操作方式，还是输入方式。如是操作方式，则按每个键上行标明的功能；如是输入方式，则按每个键下行标明的功能。

① 上行功能。

On/Off——仪器开关。开机时，仪器复位。关机不保存当前操作现状，但保存存储器中的测量数据。

Freq.——设置工作频率。将工作频率参数传输到井下发射机（或接收机），完成工作频率设置。

Synchro.——同步操作。通过此键操作使发射机和接收机进入同步扫频工作方式。

y Way——显示当前的工作方式。

△Mem.，▽Mem.——调出并滚动显示存储器中的数据。

▽△，▽——滚动显示所选的菜单，或测量中的数据。

Switch——井下仪器（除单片机控制系统）电源开关控制。

Main——主菜单。按此键可从监控状态进入主菜单，在主菜单状态下按此键返回到监控状态。另外，按此键可从次级菜单回到上级菜单。

Info.——显示日期和时间。

Depth——显示深度、测点距及面板电池电压。

Change——改变上、下行功能。进入输入方式，以便使用下行功能修改或输入参数。

Start/Stop——有如下功能：开始设置频率、开始同步操作、启动或停止测量、开始显示井下仪器电源开/关状态。

② 下行功能。

Clear——清除目前数字。

0～9——输入数字。

.——输入小数点。

Enter——接收屏幕上所选的菜单或输入的数字。

（3）显示器。

显示器为 40×2 字符液晶显示器。操作过程中，显示各种数据或提示信息，方便操作。

（4）操作说明。

① 菜单之间的转换。

在转换操作方式时，选择同级的下一个菜单可按"△"或"▽"键；若想进入下一级菜单要按照提示按键操作；若想回到上级菜单，按"Main"键。

例如：在监控状态下按"Main"键。

显示：Initialise

Enter?（初始化吗?）

此时，按"Enter"键则进入初始化子菜单，按"Main"键又返回到监控状态。

② 菜单选择。

按照显示器底行所显示的功能键操作，选择所显示菜单。

例如：

显示：Initialise（初始化吗）

Enter?（输入吗?）

按"Enter"键

显示：Curving No.01

Change?

③ 参数修改。

修改参数可通过按"Change"键进入修改状态，在修改位有光标闪烁，闪烁位即为当前修改位。

例如：把曲线号 01 改为 02。

显示：Curving No. 01

Change?

按"Change"键

显示：Curving No. 01

Enter?

此时第一位数据(0)闪烁，键入"0"后变为第二位数据(1)闪烁，键入"2"，又变为第一位闪烁，曲线号修改完毕，按"Enter"键确认。

显示：Curving No. 02

Change?

(5) 软件。

监控状态下按"Main"键进入主程序，而后按"△"或"▽"键滚动一级菜单。主程序中有 5 个菜单：初始化(Initialize)、系统设置(System Set)、测量(Measure)、输入/输出(Input/Output)、文件编辑(Edit File)。

分述如下：

① Initialize——初始化。

在初始化菜单中有 8 个子菜单，只要根据提示信息输入便能选择它们。按"Enter"进入初始化菜单。

例如：

显示：Main：Initialize（初始化吗？）

Enter?

按"Enter"键，进入初始化。

显示：Curving No. XX

Change?

进入子菜单后，按"△"或"▽"键，滚动显示 8 个子菜单。按照显示器底行提示可对子菜单进行操作。按"Main"键返回上级菜单。8 个子菜单的说明如下：

a. Curving No.——曲线号。

每测量完一条曲线后，都需要改变曲线号。具体操作步骤如下：

• 按"△"或"▽"键滚动子菜单，直到显示出现：

Curving No. XX

Change?

• 按"Change"键，曲线号闪烁；

• 修改曲线号（输入需要的曲线号）；

• 按"Enter"键确认。

b. Direction——提升或下降测量。

- 按"△"或"▽"键滚动子菜单,直到显示出现:

Current Direction X

Change?（0 = Down/5 = Up）

- 按"Change"键,X 闪烁;
- 下降测量输入"0"或提升测量输入"5";
- 按"Enter"键确认。

其中,Down 表示下降测量;Up 表示提升测量。

c. Way——测量方法选择。

可选择的方法有 4 种:TB——同步测量、DF——定发测量、DJ——定接测量、DK——单孔测量。

- 按"△"或"▽"键滚动子菜单,直到显示出现:

Current Way X

Change?（0 = TB/1 = DF/2 = DJ/3 = DK）

- 按"Change"键,X 闪烁;
- 键入 0～3 中某值（O = TB/1 = DF/2 = DJ/3 = DK）;
- 按"Enter"键确认。

d. TB Deffer./DF Depth/DJ Depth/DK Pole D。

TB Deffer.、DF Depth、DJ Depth、DK Pole D 分别为同步高差、定发深度、定接深度、单孔极距子菜单,实际操作中每次只显示其中之一,分别与上面测量方法的选择相对应。例:如果是同步测量则显示同步高差子菜单,依次类推。此操作应在测量方法选定后进行。

- 按"△"或"▽"键滚动子菜单,直到显示出现:

TB Deffer(或 DF Depth.....)XXXX. XX

Change?

- 按"Change"键;
- 输入参数;
- 按"Enter"键。

e. Depth——深度及测点距设置。

- 显示初始化提示,按"Enter"键;
- 按"△"或"▽"键滚动子菜单,直到显示出现:

Depth Dl = XXX. X DL = XX. X

Change?

- 按"Change"键;
- 输入数值;
- 按"Enter"键。

其中,Dl 为测量起始深度;DL 为测点距。

f. Borehole No.——输入钻孔号。

- 显示初始化提示,按"Enter"键;
- 按"△"或"▽"键滚动子菜单,直到显示出现:

Borehole No. T. XXXX R. XXXX

Change?

- 按"Change"键;
- 修改钻孔号;
- 按"Enter"键。

其中 T. XXXX 为发射机钻孔号,R. XXXX 为接收机钻孔号。单孔测量时二者相同。

g. Frequency——输入频率。

- 显示初始化提示,按"Enter"键;
- 按"△"或"▽"键滚动子菜单,直到显示出现:

Frequency Fl = XX. X F2 = XX. X FL = X. X

Change?

- 按"Change"键;
- 输入频率;
- 按"Enter"键。

说明:F1 为起始频率,$0.5 \leqslant Fl \leqslant 32.0$;F2 为终止频率,$0.5 \leqslant F2 \leqslant 32.0$,$F2 \geqslant Fl$;FL 为频率间隔,$0.1 \leqslant FL \leqslant 9.9$;特殊情况:$FL = 0$ 时,认为是单频测量,频率为 Fl。

h. Operator——操作员号码。

- 显示初始化提示,按"Enter"键;
- 按"△"或"▽"键滚动子菜单,直到显示出现:

Current Operator XX

Change?

- 按"Change"键;
- 修改操作员号码;
- 按"Enter"键。

② System Set——系统设置。

系统设置子菜单中有 4 个项目,其中有一个项目无子菜单。进入系统设置子菜单显示:

Current:YY—MM—DD HH:MM:SS

Change? XX—XX—XX X(星期) XX:MM:XX

a. 日期、设置子菜单。

此菜单显示当前日期及时间,并可以重新设置,步骤如下:

- 显示 t System Set 提示，按"Enter"键，显示：

Current：YY—MM—DD.HH：MM：SS

Change? XX—XX—XX X(星期)XX：XX：XX

- 按"Change"键，显示：

Current：YY—MM—DD HH：MM：SS

Enter? XX—XX—XX X(星期)XX：XX：XX

此时，第一位即年的第一位开始有光标闪烁，表明此位可修改键入所需数值，变为第二位闪烁，键入所需数值，然后又变为第一位闪烁。在此循环，直到输入正确的数值后，按 Enter 键，闪烁光标移动到月的第一位，方法与年的输入相同，以此类推，直到修改完年、月、日、星期、时、分、秒，所有设置完成。若不需要重新设置，按"△"或"▽"滚动到其他菜单。

b. Erase Memory——刷新存储器子菜单。

刷新存储器子菜单，功能是将存储器中的测量数据清除，可以使用所有存储空间。步骤如下：

显示：Erase Memory（刷新存储器吗？）

Enter?

- 按"Enter"键，

显示：Erase Memory（开始吗？）

Start?

- 按"Start"键，出现 Testing…提示，存储器刷新后出现如下信息：

Memory Free 100%（存储器空闲空间 100%）

Tested 63.5k（测得 63.5k 字节）

如果存储器有损坏将显示出错误信息；

Tested Memory：XXXX

Press any key ……

其中，XXXX 为实测字节数，即可用存储空间，如有存储器损坏，请及时更换。

Receiver（或 Transmitter）接收机（或发射机）

此功能是为防止万一而设置。如测量中某一收录控制器出现问题，可以用另一个暂时代替。

- 显示 t System Set 提示，按"Enter"键；

按"△"或"▽"键滚动子菜单，直到显示出现：

Receiver（或 Transmitter）

Change?

- 按"Change"键；每按一次"Change"键，Receiver 和 Transmitter 相互切换一次。

注：收录、控制器开机后此菜单设置和面板所标明的发射机或接收机一致，没

有特殊情况,请不要改变。

　　c. JW-4 Manu. Measure——点测。

此菜单无子菜单,用户操作不起作用,提示为点测。

③ Measure——测量。

测量菜单是最重要的部分之一,做好测量前的准备工作后便可进行测量操作。

　　• 在显示测量状态下,按"Enter"键,显示:

Main：Measure

Start?

　　• 按"Start"键,进入测量程序,同时可以看到显示器上有一位光标在闪烁。

然后显示出现:

XXX. Xm l XXX. X XXX. X XXX. X ……

Stop? 1 XXX. X XXX. X XXX. X ……

　　第一行显示内容分别为当前测点深度、频率序号、测量值(负分贝数,单位为dB);第二位显示内容依次为操作提示、测点数和测量值。屏幕每次只能显示 8 个频率的测值,当扫频测频点数超过 8 个,要显示其他频点的测值,按"△"或"▽"键滚动显示即可。至此,操作有两种选择:一是仪器移至另一测点准备好后按"Enter"键继续测量,深度和测点数值随之改变;二是结束测量操作。

　　操作如下:

　　• 按"Stop"键,显示:

Measure Stop?

Stop/Enter

　　• 按"Stop"或"Enter"键。

按"Stop"键将结束测量;按"Enter"键继续测量。如果按"Stop"键,当前测量结束,将测量数据存储在存储器中。

④ Input/Output——输入输出。

输入输出状态有 3 个子菜单,分述如下:

a. 录音机。

　　• 显示输入输出状态提示,按"Enter"键;

　　• 按"△"或"▽"键,直到显示出现:

Recorder (Save and Load)

Enter?

　　• 按"Enter"键,显示:

Save or Load X(光标闪烁)

Enter? (0 = Save/1 = Load)

　　• 输入"0"或"1",选择 Save 或 Load;

　　• 按"Enter"键,显示:

Save：Curving No. XX

Change?

或

Load：Curving No. XX

Change?

- 按"Change"键,显示：

Save：Curving No，XX

Enter?

或

Load：Curving No. XX

Enter?

- 输入测线号；
- 按"Enter"键。

注：录音机口与 Synchro. 口共用。

b. Computer——与计算机通信子菜单。

- 在显示 Input/Output 提示下,按"Enter"键；
- 按△或▽键滚动显示子菜单,直到显示出现：

Computer（RS-232C）

Enter?

按"Enter"键,显示：

Input Baud Rate：(0－4)（闪动光标）

Enter? 0＝9600/1＝4800/2＝2400/3＝1200/4＝600

- 输入 1～4 中的某一选定值,确定通信波特率；
- 按"Enter"键,显示：

RS-232：Curving No. XX

Change?

- 按"Change"键,显示：

RS-232：Curving No. XX

Enter?

- 输入曲线号；
- 按"Enter"键。

屏幕出现提示：Transmitting…当传送完毕后,返回到通信开始的状态,可以继续传送其他曲线。

c. Printer——打印机输出。

- 在 Input/Output 提示下,按"Enter"键；
- 按"△"或"▽"键滚动显示子菜单,直到显示：

Printer

Enter?

• 按"Enter"键,显示:

PRT:Curving No. XX

Change?

• 按"Change"键,显示:

PRT:Curving No. XX

Enter?

• 输入曲线号;

• 按"Enter"键。

屏幕上出现提示:Printing···当打印完毕后,返回到打印开始状态,即显示:

Printer

Enter?

⑤ Edit File——文件编辑。

文件编辑子菜单包括 5 个子菜单,分别为:文件删除、测点删除、测点插入、修改 RAM 和格值测量。其中,只有文件删除允许用户使用,其他为仪器检修时用。

Delete File——文件删除。

• 在显示 Edit File 提示下,按"Enter"键;

• 按"△"或"▽"键滚动子菜单,直到显示:

Delete File

Enter?

• 按"Enter"键,显示:

Input Curving No. XX

Enter?

• 输入曲线号;

• 按"Enter"键。

至此,该曲线被删除后不能恢复,要小心使用(建议不使用)。

(6) 各功能键的使用。

这里介绍 Freq. , Synchro. , Way, Mem. , Switch, Info. , Depth 7 个功能。这 7 个功能都是在监控状态下直接操作,分述如下:

① Freq.——设置频率。

• 在监控状态下,按"Freq."键,显示:

Frequency Fl = XX, X F2 = XX. X F3 = X. X

Start? Set Frequency

• 按"Start"键,显示:

Set Frequency Succeed!

Press Any Key …

• 按任意键返回到监控状态。

通过上述操作将设置的工作频率传送到井下仪器,控制井下仪器的扫频工作频率。此操作是测量前的必要操作。如果设置频率失败,将反馈提示。

② Synchro.——同步。

JW-6Q 系统最大的特点是同步扫频工作,每次可进行多频测量,但这需要同步。用同步线连接两个面板,并将面板与仪器接通,便可进行同步操作,同步操作在接收机面板进行(发射机面板不进行此操作)。

• 在监控状态下,按"Synchro."键,显示:

Frequency Fl = XX. X F2 = XX. X F3 = X. X

Start? synchro. Transmitter and Receiver

• 按"Start"键,完成同步,并返回到监控状态;可通过测量值看出同步成功与否。

③ Way——方式方法。

• 在监控状态下,按"Way"键,显示:

JW-6Q Direction Down(or up)

Surveying Way:Manu. TB(或 DF. DJ. DK)XX. XX

• 按任意键返回到监控状态。

④ △Mem. ,▽Mem.——存储器显示。

• 在监控状态下,按"△Mem."或"▽Mem."键滚动显示存储内容。并具有连续滚动显示功能(按住此键不抬起),显示格式:

MEM UP XXXX XX XX XX XX XX XX XX XX

XX XX XX XX XX XX XX XX

上述显示分别代表向上显示,RAM 地址和内容。地址为第一个字节的地址,以后内容的地址依次加 1,一屏可显示 16 个字节。

• 按其他任意键返回监控状态。

⑤ Switch——井下仪器电源开关控制。

井下仪器加电后,井下仪器电路只有单片机控制部分在工作,其他电路并未加电源,测量前必须先将其他部分的电源打开,方能正常工作。此键既可以显示井下电源的开关状态,又能控制井下电源开关。

• 在监控状态下,按"Switch"键,显示:

Display Borehole Power State

Start?

• 按"Start"键,显示:

Borehole Power Off(或 On)

Change?

• 按"Change"键。

通过按"Change"键可以控制井下仪器的电源开关,Off、On 相互切换。按其他任意键回到监控状态。

⑥ Info.——信息。

• 在监控状态下,按"Info."键,显示:

Info. YY—MM—DD HH:MM:SS

XX—XX—XX X(星期) XX:XX:XX

• 按任意键返回到监控状态。

⑦ Depth——深度。

• 在监控状态下,按"Depth"键,显示:

Depth DO:XXX. X Voltage:XXXX mV

D1:XXX. X DL:XX. X

其中,DO 为当前深度。Dl 为起始深度,DL 为测点距,Voltage 为面板电池电压,单位为 mV。

• 按任意键返回到监控状态。

(7) 仪器工作操作步骤。

① 将仪器各部分按要求连接正确。

② 打开仪器电源。

③ 系统初始化。

④ 设置工作频率。

⑤ 发射机和接收机同步。

⑥ 测量。

⑦ 记录、打印数据。

⑧ 数据传送给计算机。

【实验数据处理与结果分析】

1. 打开项目

用鼠标选择"文件"→"打开项目"后,屏幕便出现如图 19.4 所示的对话框,选择所需处理分析的项目文件。

如果需要分析处理其他项目,可重复以上操作,再次选择"打开项目",如果系统中存在当前项目,那么会提示是否保存当前项目(图 19.5),按提示操作后继续打开新的项目。

2. 保存项目

导入数据或者对数据处理后可以保存为项目文件,便于再次编辑和使用,选择"文件"→"保存项目"后,选择保存路径和文件名,确定后完成项目文件的保存。

图 19.4 打开项目文件对话框

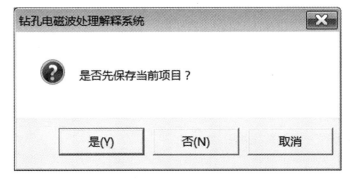

图 19.5 保存当前项目提示

3. 预处理

打开数据或者项目之后,在预处理菜单下选择"删除跳点",勾选该菜单,表示进入删除跳点模式,在数据窗中用鼠标框选中需要删除的点,完成点的删除,如图19.6 所示。

另一种处理方式是选择预处理菜单下的自动处理,弹出如图 19.7 所示的对话框。可以设置保留数据的范围,按照射线发射保留最大的角度以及是否对数据进行圆滑处理,圆滑处理包含了 5 点圆滑和 7 点圆滑两种方式。

4. 模型正演

在未打开数据文件或项目文件的情况下,可以选择"模型正演"菜单下的"正演设置",建立观测系统,如图 19.8 所示填入观测方式等相关参数。

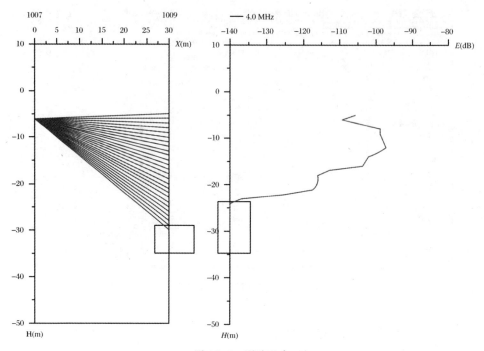

图 19.6　删除跳点

图 19.7　数据自动处理

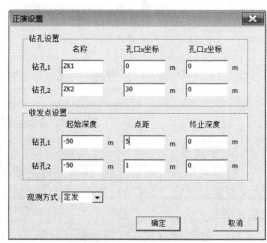

图 19.8　设置正演参数

　　完成正演参数设置或者打开数据后,可以添加规则模型(圆形和矩形),设置模型的相关参数,也可以在模型窗口双击选中的模型,修改其属性(图 19.9),进而得到了如图 19.10 所示的正演结果。

图 19.9　模型属性设置

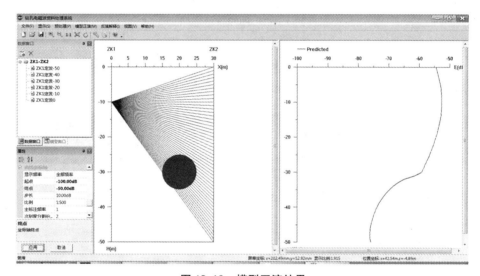

图 19.10　模型正演结果

5．反演解释

（1）回归分析。

该项功能是根据所观测的数据利用线性拟合法来求取初始辐射常数 H_0 和围岩的吸收系数 β_0。由于一个测区不可能都是异常区,总有一部分射线能穿过正常测区,因而这部分射线的测值反映了场强在正常地层的传播与衰减,可由此计算出初始辐射场强 H_0 和围岩的吸收系数 β_0。打开数据或者项目之后,选择反演解释菜单下的"回归分析",弹出如图 19.11 所示的对话框。在对话框中选择要分析的频率,并利用 ◀ 和 ▶ 按钮选择上一个曲线或下一个曲线,选择几条通过正常场区域的曲线,在散点图上绘制一条直线,如果能够较好地拟合散点,那么即可得到初始辐射常数和围岩吸收系数。

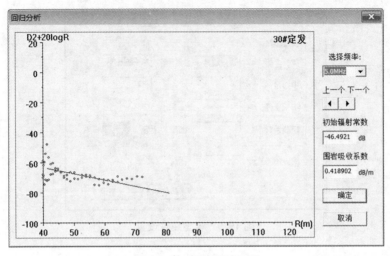

图 19.11 回归分析界面

（2）反演设置。

打开数据或者项目之后，在反演解释菜单下选择"反演设置"，弹出如图 19.12 所示的对话框，具体参数意义说明如下：

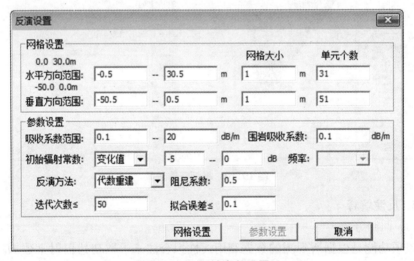

图 19.12 反演参数设置

① 水平方向范围：水平网格起始坐标、网格大小、网格数。

② 垂直方向范围：垂直网格起始坐标、网格大小、网格数。

③ 吸收系数范围：设置反演结果的范围。

④ 围岩吸收系数：设置围岩吸收系数。

⑤ 初始辐射常数：可以选择固定的值或者变化值，选变化值输入变化范围。

⑥ 频率：选择反演的频率。

⑦ 反演方法：选择所用的方法，包括代数重建、联合迭代、共轭梯度法、改进联合迭代法。

⑧ 阻尼因子：一般选择 0.1～2。

⑨ 迭代次数：一次运行的反演次数。

⑩ 拟合误差：反演迭代终止的最小允许误差。

（3）开始反演。

设置完成后，点击"反演解释"菜单里的"开始反演"，开始反演计算，如图 19.13 所示。

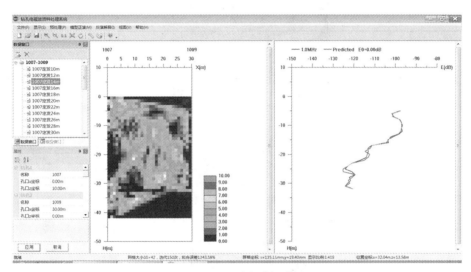

图 19.13　反演拟合示意图

（4）模型输出。

反演运行结束后，将结果文件保存成 .dat 格式，利用 Surfer 软件对数据进行相应的视吸收系数等值线成图处理。

6. 结果分析

划定视吸收系数结果需要确定异常视吸收系数值的阈值，对钻孔 XK-MY-D192 与 XK-MY-D190 进行探测，标定视吸收系数值。经观察钻孔现场照片，钻孔 XK-MY-D192 在 16 m 以浅为土层，在 16 m 深处开始有岩石碎块且碎块由破碎渐变到完整，并在 42.2 m 处钻头骤降 0.4 m，揭露有溶洞存在。钻孔 XK-MY-D190 在钻孔打到 36 m 处钻头骤降 2 m 左右，揭露有溶洞存在。

根据得到的如图 19.14 所示的两个钻孔及之间视吸收系数值可知：钻孔 XK-MY-D192 内吸收系数比较均匀，但在 5.5 m、25～30 m 有高吸收系数异常，推测为裂隙所致，在 42 m 处视吸收系数在 6.0～7.0 dB/m 范围，结合钻孔判断为岩溶发育区。钻孔 XK-MY-D190 在 14 m、19 m 深处有两个视吸收系数在 7.0～8.0 dB/m 范围的高吸收系数介质区，推测为裂隙所致，在 36～38 m 的介质的视吸收系数在 6.0～7.0 dB/m 范围，推测为岩溶发育区。

根据视吸收系数结果,基岩面为低吸收系数,溶洞为高吸收系数,一般在 5.5～7.0 dB/m 范围,溶洞的高吸收系数为溶洞与裂隙共同影响所致;裂隙有更高的吸收系数,一般在 6.5～8.0 dB/m 范围。

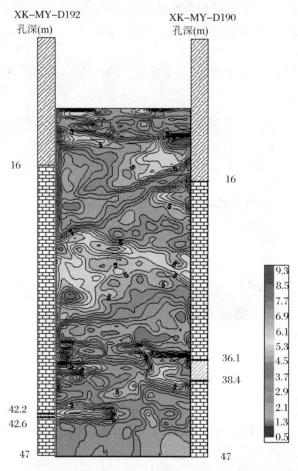

图 19.14　XK-MY-D192 与 XK-MY-D190 剖面间电磁波吸收系数图

7. 文件格式说明

(1) 观测数据文件。

由仪器导出的观测数据文件的后缀名为 dat,经软件的整理和排序得到了一组可识别的数据文件,并有自己的格式和物理意义,具体见表 19.1。

表 19.1　计算机接收文件数据格式说明表

变量名	物理意义
nYy, nMm, nDd, numbl	年、月、日(int),曲线编号(int)
ZK1, ZK2	钻孔编号 1,钻孔编号 2(String)

续表

变量名	物理意义
nUpDown，mudol，nDepth	升降系数(0 表示下降、5 表示上升)，测量方式(0 表示同步、1 表示定发、2 表示定接)，定点深度(int)
F1，F2，F3	起始频率，间隔频率，终止频率(float)
nStep，nStart，numb2	动点测点步长，动点深度，动点点数
nAA(i, j)	采样读数(循环读取数据)循环次数 = 接收点数×点频数(float)，观测数据均按正值输入

(2) 项目文件。

项目数据文件的后缀名为 ewp，其中数据之间用空格分隔，其中曲线测量方式 0 表示同步、1 表示定发、2 表示定接，观测数据均按负值输入，单位为 dB。举例如下：

DEWP2	头文件
ZK1 ZK2	左右钻孔名称
0 0 0 0	X1 Y1 Z1 L1 钻孔 1 坐标 $x\,y\,z$ 相位位置 L
30 0 0 30	X2 Y2 Z2 L2 钻孔 2 坐标 $x\,y\,z$ 相位位置 L
1	频率个数
0	频率
17	曲线条数
1 1 0 51	测量方式 接收孔的编号(0,1) 同步高差(定点高
0 0 −32.5424	程) 点数
0 −1 −32.5631	第 1 点左孔高程 右孔高程 第 j 个频率测量值
0 −2 −32.6248	第 2 点左孔高程 右孔高程 第 j 个频率测量值
0 −3 −32.7272	第 3 点左孔高程 右孔高程 第 j 个频率测量值
0 −4 −32.8695	第 4 点左孔高程 右孔高程 第 j 个频率测量值
0 −5 −33.0506	第 5 点左孔高程 右孔高程 第 j 个频率测量值
0 −6 −33.2692	
0 −7 −33.5237	
0 −8 −33.8124	
…	……

(3) 模型数据文件。

模型数据文件的后缀名为 dat 或者 grd，grd 文件格式参见 Surfer 说明，dat 文件格式分为 3 列，分别是模型 x 坐标、y 坐标，反演结果吸收系数值，数据之间用空格分隔，可以直接输入到 Surfer 进行网格化。举例如下：

1 1 0.1	*x* 坐标	*y* 坐标	吸收系数
3 1 0.56366	*x* 坐标	*y* 坐标	吸收系数
5 1 0.165574	*x* 坐标	*y* 坐标	吸收系数
7 1 0.533735	*x* 坐标	*y* 坐标	吸收系数
9 1 0.177526	*x* 坐标	*y* 坐标	吸收系数
11 1 0.541537	*x* 坐标	*y* 坐标	吸收系数
13 1 0.326609	*x* 坐标	*y* 坐标	吸收系数
...	......		

【实验要求及注意事项】

1. 实验要求

(1) 做实验前需认真阅读 JW-6Q 型地下电磁波仪使用说明书和钻孔电磁波资料处理解释系统(EWP2.0)用户手册。

(2) 实验中的具体操作应按 JW-6Q 型地下电磁波仪使用说明书的规定进行,如遇问题要及时向指导教师提出。

(3) 实验中出现的仪器故障必须及时向指导教师报告,不可随意自行处理。

(4) 注意不要损坏实验器材。

(5) 实验结束后,把实验设备整理好。

2. 注意事项

(1) 每次野外工作结束后,应将仪器电源关闭。

(2) 通过控制面板将钻孔仪(发射机、接收机)电路电源关闭,待仪器提至地面后切记将电源总开关关闭。回住地后及时对蓄电池充电。

【思考题】

(1) 跨孔电磁波 CT 的基本任务?

(2) 跨孔电磁波 CT 主要应用领域?

参 考 文 献

[1] JW-6Q 型地下电磁波仪使用说明书[G].中国地质科学院地球物理地球化学勘查研究所,2014.

[2] 钻孔电磁波资料处理解释系统(EWP2.0)用户手册[G].中国地质科学院地球物理地球化学勘查研究所,2016.

[3] 岩溶专项勘察物探成果报告(工程编号:ZGK01-K2016006-2)[R].浙江省工程勘察院,2017.

第二十章　跨孔电阻率 CT 实验

【实验目的】

(1) 掌握 EDJD-2 多功能直流电法仪的操作。

(2) 了解跨孔电阻率 CT 实验的工作原理和工作方法。

(3) 熟悉数据处理的基本内容。

(4) 掌握跨孔电阻率 CT 数据处理的基本过程和成果解释方法。

【实验设备】

目前国内外主流的直流电法勘探设备包括：

国内：EDGMD-1A 集中式高密度电法测量系统（重庆顶峰）、EDGMD-2 分布式高密度电法测量系统（重庆顶峰）、DZD-6A 多功能直流电法仪（重庆地质仪器厂）、WGMD-3A 高密度电阻率测量系统（重庆奔腾）、DUK-4 超级高密度电法测量系统（中国地质装备集团有限公司）、WDJD-1 网络并行电法仪（安徽惠洲院）、YDZ16（B）矿用多道并行直流电法仪（福州华虹）以及 YDZ（A）直流电法仪（中煤科工）等。

国外：ABEM 电法仪（瑞典 MALA）、INSTRUMENTS 电法仪（法国 IRIS）以及 AGI 高密度电阻率/极化率电法仪（美国 AGI）、McOHM Profiler-8i 数字化高密度电法仪（日本 OYO）等仪器。

下面以 EDGMD-2 分布式高密度电法测量系统为例，进一步介绍直流电法仪器的系统构成、主要特点及功能和性能参数。

1. 系统构成

该系统以 EDJD-2 多功能直流电法仪为测控主机、连接电源、升压器、分布式高密度电缆、电极（图 20.1），通过便携式交互设备实现分布式二维、三维高密度测量。

2. 主要特点及功能

(1) 操作方便：该仪器采用全数字化自动测量，可对自然电位、漂移及电极极化进行自动补偿。采用安卓系统手机或平板控制主机，可实时显示曲线、彩图等。在高密度测量模式时可完成 18 种工作模式的设置。

(2) 屏蔽和剔除电极：可对接地条件不好的某个电极进行屏蔽；如电缆电极接

图 20.1　EDGMD-2 分布式高密度电法测量系统

触点损坏可剔除该接触点电极。

（3）可进行滚动测量：移除已完成测量的电缆及电极，提高工作效率。

（4）色标判断异常点重测：可对单点、多点、单电极或某个区域进行重测。

（5）超大存储：仪器测量数据存储于手机内存中，可通过蓝牙、QQ、微信等通信工具远程转发数据，方便用户及时处理。

（6）地形校准：加入测点的高度坐标（Z 轴）及电极起始点的距离（X 轴），为后续反演提供地形校准信息。

（7）电极排列测量断面可任意指定断面起测电极号，方便灵活。

（8）工作温度：$-20 \sim +70\,℃$，仪器自身不带显示屏，不会出现温度过高、温度太低、黑屏、花屏等现象。

3．性能参数

（1）EDJD-2 数字多功能直流电法仪（图 20.2）。

图 20.2　EDJD-2 数字多功能直流电法仪

① 接收部分。

a. 电压通道：±30 V。

b. 电压测量精度：±0.1%±1 个字。

c. 电压最高采样分辨率：0.01 μV。

d. 输入阻抗：≥50 MΩ。

e. SP 补偿范围：±10 V。

f. 电流通道：6 A。

g. 电流测量精度：±0.1%±1 个字。

h. 电流最高采样分辨率：0.01 μA。

i. 50 Hz 工频干扰压制优于 80 dB。

② 发射部分。

a. 最大发射功率：7.2 kW。

b. 最大供电电压：1200 V。

c. 最大供电电流：±6 A。

d. 供电波形：脉宽 1～60 s，占空比为 1∶1，双极性。

③ 其他。

a. 仪器电源：内置 12 V 6Ah 锂电（或外接 12 V 电源），可连续工作 24 h 以上。

b. 主机接口：A、B、M、N，直流高压，外接电池及充电，集中式接口等。

c. 体积：339 mm×295 mm×152 mm。

d. 质量：5.7 kg。

e. 工作温度：−10～+50 ℃，95% RH。

f. 储存温度：−20～+60 ℃。

（2）分布式高密度电缆（图 20.3）。

图 20.3　分布式高密度电缆

① 最大工作电流：4 A。

② 最大工作电压：1000 V。

③ 工作温度：−20～+70 ℃。

④ 电缆:护套为宽温聚氨酯材料,外径 φ6 mm。

⑤ 电极盒间距:5 m(也可由用户订货时指定)。

⑥ 电极盒数:10 个/串(每串电缆可接 10 个电极)。

⑦ 电缆绝缘:A、B 供电线间及其与低压线间≥1000 MΩ/1000 V 低压线间≥500 MΩ/500 V。

【实验原理】

跨孔电阻率 CT 法,其原理类似于地面直流电法,也是以地壳中岩土体的导电性差异为物质基础,通过观测与研究人工建立的地中电场的分布规律解决工程地质问题的一种电法勘探方法。由于其电极在地下,激发的电场也在地下,相较于传统的地面直流电阻率法,跨孔电阻率 CT 法能获得更为丰富的数据、受到较小的地面电磁干扰和显著降低体积效应,因此在进行精细化目标探测和地层电性描述时能取得更好的结果。

根据点电源场拉普拉斯方程,得点电流源在地下时的电位:

$$U = \frac{IP}{4\pi}\left(\frac{1}{R} + \frac{1}{R'}\right)$$

式中,R':镜像法求解时观测点与虚电流源间的距离,m。

当异常体与围岩或界面上存在的电阻率差异足够大,使得仪器可以观测到这种差异产生的地电场变化,那么就可以利用跨孔电阻率 CT 方法进行相应的探测,结合相应的地质资料,便可以对这种电阻率成像进行识别和解释。跨孔电阻率 CT 的具体工作原理为:在钻孔 1 和钻孔 2 中分别放入供电电极和测量电极,利用在钻孔 2 中观测到的电位或电位梯度值进行直接或间接的反演成像可以获得两孔间地层的电阻率分布图,其工作原理示意图见图 20.4。

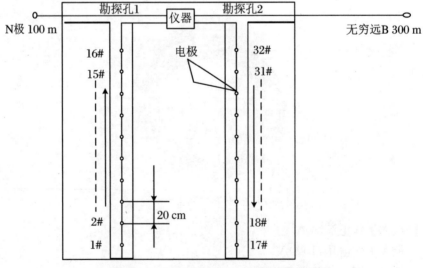

图 20.4　跨孔电阻率 CT 工作原理示意图

【实验步骤】

1. 测网、测线布置及仪器连接

根据实验区探测目标确定测网范围、测线走向,在测线上设计 3 对目标钻孔,每对钻孔间距 4 m,孔深 16 m,完成勘探孔的施工工作。分布式电缆 1 固定到 PVC 管上,于勘探孔 1 底部布置到孔口,电极间距 0.5 m,并接通测控主机 A、M 电极,分布式电缆 2 固定到 PVC 管上,于勘探孔 2 底部布置到孔口,电极间距 0.5 m,并接通测控主机 B、N 电极。供电电源与升压器相连,升压器连接测控主机并供电。

2. EDJD-2 多功能直流电法仪的认识与操作

EDGMD-1 软件主界面如图 20.5 所示。

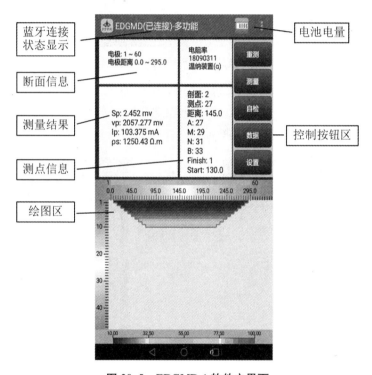

图 20.5　EDGMD-1 软件主界面

（1）仪器蓝牙连接。

打开电源,打开软件(EDGMD-1),然后连接设备蓝牙接口,如图 20.6 所示,软件会自动扫描识别可以连接的蓝牙设备,用户选择设备名称(如 EDJD-1-14001,其中 EDJD-1 为仪器类型,14001 为仪器序列号)进行连接。如果手机第一次连接接收器,请点击"扫描蓝牙设备",然后在新设备中点击设备名称,出现蓝牙配对界面,见图 20.4,输入密码:"1234",然后点击"确定"。

（2）新建断面。

图 20.6　蓝牙连接界面及蓝牙配对界面

　　设备的蓝牙连接后,软件会自动跳转到分区界面,见图 20.7,点击"新建断面"按钮调出分区信息界面,见图 20.8,装置类型选择跨孔偶极,完成其他信息和参数设置后,点击"确定"按钮完成新建断面。

图 20.7　断面操作

图 20.8　断面信息

　　(3) 参数设置。

　　点击"设置"按钮进入"主界面"菜单中的参数设置界面,需要设置以下参数(参数设置完成后,点击"确定"按钮,保存并退出)。

　　① 断面参数(图 20.9)。

　　测量类型:可以选择"电阻率"或"电阻率和极化率"。

起始电极号:第一个测量的电极编号。电极编号前的电极将不参与测量。

结束电极号:结束测量的电极编号。电极编号后的电极将不参与测量。

电极间距:相邻电极之间的距离称为电极间距,单位为 m。该参数主要用于计算测量点设备常数和记录点位置。

MN 间距控制:可设置为固定控制和自动控制。固定控制是指 MN 间距始终保持为"MN 间距"设定值;自动控制是指 MN 的中心点不变。

MN 间距系数:当装置为 AMN、ABM、ABMN、MNB 和施伦贝尔($\alpha2$)时,此参数用于设置 M 和 N 电极之间的电极数量。其他装置不需要设置此参数。

滚动测量:点击滚动测量开关,可以选择滚动或不滚动。

滚动电极数量:当选择滚动测量时,每次滚动电极的数量,即每次滚动测量每层的测量点数。如果将此参数设置为每个电缆电极的整数倍,可以使滚动测量更加方便。

开始剖面:测量时,从该截面编号开始。

结束剖面:当测量结束时,以这个剖面数字结束。结束配置文件编号不能小于开始配置文件编号,也不能大于先前设置的配置文件编号。

如果选择滚动测量,每次测量后,系统会自动提示移动信息,见图 20.10。按照信息提示,向前移动测量引擎,将电极可靠地连接到电缆,单击"是",继续滚动测量,如果完成滚动,单击"否",仪器将按照选择"结束"和"未结束"结束测量。

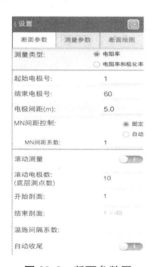

图 20.9 断面参数图

图 20.10 收尾提示信息

② 测量参数(图 20.11)。

供电时间:可选择输入 500～5000 范围内的任意整数值(可选 500、1000、2000、3000、4000、5000),单位为 ms。

断电时间:可以选择输入 50～5000 范围内的任意整数值,单位为 ms。当测量电阻率和极化率时,该参数不能设置,断电时间与供电时间相同。

图 20.11　测量参数

梯度阈值:可以输入 1～500 范围内的任何整数值,单位为 mV/s,可根据实际地质条件设置。梯度阈值越小,测量结果越好,但测量时间更长;梯度阈值越大,测量结果越差,但时间很短。

超限延时:可以设置 500～5000 范围内的任意整数值,单位为 ms。

电缆选择:选择分布式电缆 1、分布式电缆 2、分布式电缆 1 和 2、跨孔偶极模式、集中和分段集中。当装置是跨孔偶极时,系统默认使用跨孔偶极模式,使用者不能选择电缆。

电极模式:可选择收发复用和收发独立两种,收发复用时,只接金属电极;收发独立时,需同时连接金属电极和不极化电极。电缆选择为集中式和分段集中式时无效。

供电电流报警值:测量过程中若供电电流小于设定值,系统自动停止测量,并弹出提示界面,如图 20.12 所示,用户可以根据界面提示进行相关操作。

③ 断面颜色(图 20.13)。

剖面类型:即选择用来成图的参数类型,可以选择"电阻率""极化率"。

最大值、最小值:颜色分配的最大、最小值,当一个断面测量完成时,软件会根据当前断面的测量值自动更新最大、最小值。

分配规律:用来成图的颜色分配规律,可以选择"线性规律"和"对数规律"。

按最大、最小值分配:以输入框中的最大、最小值来分配颜色。

默认分配:以实际测量的最大、最小值分配颜色。

(4) 自检。

在自检界面选择"SP",点击"开始"按钮,会弹出一个对话框(图 20.14),在对话框中输入 M、N 极对应的电极号,点击"确定",启动这两个电极之间的自电测量。测量完成后,显示自电变化的峰值和曲线图(图 20.15)。

图 20.12　供电电流异常提示

图 20.13　断面颜色

自电检测功能是在不供电的情况下,测量任意两个电极(用户可以自行设置)之间5s内的电位差曲线,该值变化大小可以反映所在工区的自电噪声的大小。若观测到自电噪声较大,可以通过提高供电电压来减小自电噪声对测量结果的影响,达到预期的测量精度。

图 20.14　输入测量电极号

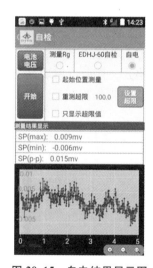

图 20.15　自电结果显示图

(5)断面测量。

对于一新建断面,各项参数设置完成后,点击"断面"按钮启动断面测量。点击"断面"按钮后系统将进行相关项检测,若有未连接或设置错误等,将不能进入正常测量。测量过程中的界面如图20.16所示,该界面除显示了各测量参数值,还显示了当前参与测量的电极所对应的电极号。

（6）数据查询。

可以利用此功能观察某一断面中所有测点的电阻率 ρ_s 值，点击"数据"→"数据查询"，弹出如图 20.17 所示的界面，界面显示测线名、装置类型、X 和 Y 坐标值以及电阻率测量值。X 方向代表测量结果在断面中的实际距离，Y 方向代表剖面号。

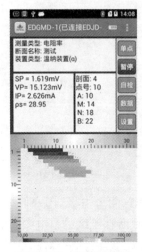

图 20.16 断面测量图

点号	剖面	X(m)	电阻率
1	1	1.50	3.49
2	1	2.50	3.48
3	1	3.50	3.48
4	1	4.50	3.49
5	1	5.50	3.48
6	1	6.50	3.47
7	1	7.50	3.48
8	1	8.50	3.48
9	1	9.50	3.48
10	1	10.50	3.48

测线名：测试1
装置：温纳装置(α)
测点总数：55

图 20.17 数据查询

（7）数据格式转换。

主界面下点击"数据"，弹出如图 20.18 所示的界面，然后点击"数据转换"，转换后的 CSV 文件可以用 office 系列软件直接打开进行后续的数据处理。Res2dinv 格式文件可以用瑞典的 Res2dinv 软件进行反演。RTOMO 格式文件可以用高密度处理软件进行反演，Surfer 格式的文件可以用 Surfer 软件打开进行数据处理。

图 20.18 数据操作

（8）数据导出。

一个断面所有的数据都保存在以断面名命名的文件夹下。

如断面名为"test1"存储路径为…\DFDK\EDGMD\test1。完成数据转换后，将手机通过 USB 连接到电脑。

推荐在电脑上安装手机助手软件，用其文件管理功能导出数据，如图 20.19 所示，选中需要导出的数据文件，再点击"导出"将数据保存到电脑中。

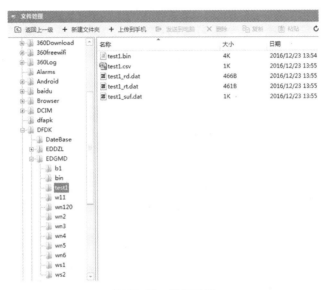

图 20.19　数据导出

.bin 格式：测量原始二进制文件。

.csv 格式：二进制文件转换后的 CSV 文件，可以用 office 系列软件直接打开。

_suf.dat 格式：二进制文件转换后的 Surfer 格式文件，可以用 Surfer 软件打开。

_rd.dat 格式：二进制文件转换后的 Res2dinv 格式文件，可以用瑞典的 Res2dinv 软件进行反演。

_rt.dat 格式：二进制文件转换后的 RTOMO 格式文件，可以用高密度处理软件进行反演。

（9）软件退出。

在如图 20.20 所示的界面中，点击"退出"，则退出软件。

3. EDJD-2 多功能直流电法仪器的注意事项

（1）工作人员抵达探测区域后，应根据前期施工设计尽快熟悉标志点，开展相关施工作业。如遇到特殊现场条件，需慎重改变测线布置，并作详细记录附带相关说明。

（2）判断大线电缆中是否有断线需用万用表检测，选择欧姆挡，然后检查插头的

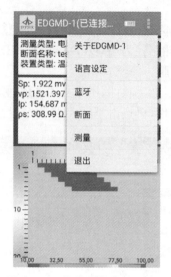

图 20.20　软件信息查询和退出

每个插针和对应序号的抽头是否连通;插针是否松动可用测量接地电阻的方法判断。

　　(3) 如果供电部分不正常,只有正半周或只有负半周波形输出,或采集到的数据混乱或仪器有其他故障,必须返回厂家修理。

【实验数据处理与结果分析】

　　转换后的 CSV 文件可以直接用 office 系列软件打开进行后续的数据处理。本次实验采集的电阻率数据采用瑞典的 Res2dinv 软件进行反演。

1. Res2dinv 软件

　　Res2dinv 软件是目前比较优秀的一款高密度电阻率 2 维反演软件。它使用快速最小二乘法对电阻率数据进行反演,适用装置有温纳(α、β、γ)、偶极-偶极(AB-MN 滚动)、单极-偶极(A-MN 滚动、MN-B 滚动、A-MN 矩形)、二极(A-M 滚动)、施伦贝尔等。

　　地表上用电极测得的电阻率会随着深度增加,成幂指数减小。可有效防止这一现象出现的方法是用电极在钻孔中进行测量。由于跨孔测量不太常用,所以与地面测量比较而言没有规定的电极排列方式。该程序中的电阻率排列模式用于浅层勘测,其中基本的电极排列方式见图 20.21。电极分成三组:地表的电极、钻孔 1 中的电极、钻孔 2 中的电极。假设钻井上没有金属壳,因此不会影响电流的分布。程序把地表以下分成了许多四边形小块(图 20.21)。表面的位置和钻孔中的电极决定了地下方格的划分。

2. 反演文件格式

　　BOREDIFF. DAT 文件是采用跨孔测量的一个实例。格式的选择描述都记

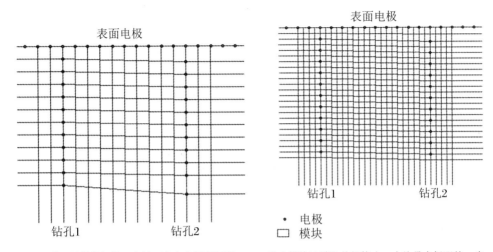

(a) 默认的模块规格，它的距离和电极距相当　　(b) 这个模块比默认的规格小，大约是电极距的一半

图 20.21　交叉钻孔测量中的电极排列

录在注解部分。在本次测量中使用的是三极排列，只应用了 C1、P1 和 P2 三个电极。

BOREDIFF.DAT 文件　　注解

钻孔中电极的不同深度	标题
1.0	最小电极距
12	测量的电极排列设置为 12
840	数据点个数
2	2 表明使用 XYZ 格式来说明位置
0	没有 IP 数据，输入 0
地面电极	标题
16	地面电极个数
0.0，0.0	第一个地面电极的 x 和 z 坐标
1.0，0.0	第二个点的坐标
2.0，0.0	注意：电极的距离是变大的
3.0，0.0	
4.0，0.0	
5.0，0.0	电极的深度始终是零，表明在地表
6.0，0.0	
7.0，0.0	
8.0，0.0	
9.0，0.0	

10.0, 0.0

11.0, 0.0

12.0, 0.0

13.0, 0.0

14.0, 0.0

15.0, 0.0

钻孔 1 中的电极	第一个钻孔的标题
10	第一个钻孔中的电极数目
4.0 1.0	第一个电极的 x 和 z 坐标
4.0 2.0	第二个电极的 x 和 z 坐标
4.0 3.0	注意:电极的位置是从地下最高的那个电极开始的
4.0 4.0	
4.0 5.0	
4.0 6.0	注意:x 的位置一直没变
4.0 7.0	
4.0 8.0	
4.0 9.0	
4.0 10.0	

钻孔 2 中的电极	第二个钻孔的标题
10	第二个钻孔中的电极数目
11.0 1.5	第一个电极的 x 和 z 坐标
11.0 2.5	其他电极的 x 和 z 坐标
11.0 3.5	
11.0 4.5	
11.0 5.5	
11.0 6.5	
11.0 7.5	
11.0 8.5	
11.0 9.5	
11.0 10.5	

测量获得的数据	测量部分的标题
3 0.00 0.00 1.00 0.00 2.00 0.00 101.5718	每个数据点的格式为
3 0.00 0.00 2.00 0.00 3.00 0.00 99.5150	测量中用到的电极数目
3 0.00 0.00 3.00 0.00 4.00 0.00 99.2303	C1 的 x 和 z 坐标
3 0.00 0.00 4.00 0.00 5.00 0.00 99.1325	P1 的 x 和 z 坐标
3 0.00 0.00 5.00 0.00 6.00 0.00 101.0616	P2 的 x 和 z 坐标

3 0.00 0.00 6.00 0.00 7.00 0.00 105.7333　　视电阻率值

3　0.00　0.00　7.00　0.00　8.00　0.00　112.6745

3　0.00　0.00　8.00　0.00　9.00　0.00　118.5223

跨孔测量中排列的数目是 12,测量结果以视电阻率形式给出。

如果测量中只有 2 个电极,那么数据文件中就只有 C1 和 P2 的位置。但是,如果用了 4 个电极,那么 C1、C2、P1 和 P2 的顺序必须以上面例子的顺序给出。可以在一个文件中综合不同电极数目获得测量结果。

3. 软件反演流程

(1)导入数据文件。

将采集的数据编辑成以上 Res2dinv 可识别的文件格式后,打开反演软件,如图 20.22 所示导入电阻率数据。

图 20.22　导入 Res2dinv 反演文件

(2)编辑数据。

把读取的数据进行处理,例如剔除坏点,选取大数据中的一部分等。当选择了编辑数据,下拉菜单将显示如图 20.23 所示的界面。

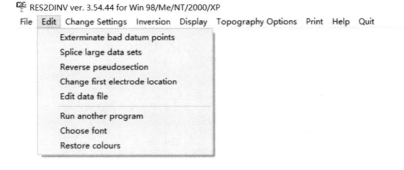

图 20.23　数据编辑

Exterminate bad datum points(消除突变测量点):在这个选项里,视电阻率数据值是以每测量层的轮廓形式显示的,可使用鼠标来修改任何一个突变测量点。

Splice large data set(连接大型数据组):这个选项能选择较大数据组的一部分(此数据太大而在短时间内不能被处理)来反演。

Reverse pseudosection(倒转拟断面):这个选项可垂直地从左到右闪现拟断面。

Edit data file(改变第一个电极的位置):这个选项允许改变在测量线上的第一个电极的位置。它基本上是要用图解来说明目的的,因此部分重叠的测量线与那些位置相同的电极有相同的 X 位置。

Edit data file(编辑数据文件):当选择这个选项时,将打开文本编辑器(默认为记事本)。如果要返回到 Res2dinv 程序里,首先必须先从文本编辑程序中退出。

Run another program(运行其他程序):这个选项允许运行另一个程序。在 Windows3.1 版本里,也可通过同时按"Ctrl"和"Esc"键来运行其他程序,然后,单击程序列表里的程序管理器。

Choose font(选择字体):这个选项里,可在绘拟断面时,选择一种程序使用的字体。

(3) 反演参数设置。

该程序有一套为阻尼系数和其他变量预先确定好的设置,它能够满足大多数情况下数据的设置。当然,某些情况下,也可以通过更改参数来控制反演过程,从而获得更好的反演结果。当选择了"Change Settings"(更改设置)操作时,会出现如图 20.24 所示的界面。

图 20.24　更改程序设置

① INVERSION DAMPING PARAMETERS 反演阻尼参数。

Damping factors(阻尼系数)：在该操作中可以设置方程中阻尼系数的初始值，也是最小值。如果数据值相差太大就应当选择相对大的阻尼系数(例如 0.3)，如果情况相反，则选较小的阻尼系数(例如 0.1)。

Change of damping factor with depth(随深度改变阻尼系数)：由于电阻率方法的影响随着深的阻尼减小，那么最小二乘法中的阻尼系数通常随着深度和层数的增大而增大。这样做的目的是稳定反演的过程。一般来说，层数每增加一层，阻尼系数增加为原来的 1.05 倍。

Optimise damping factor(完善阻尼系数)：如果选择了该操作，程序会自动寻找最合适的阻尼系数，这样就能将每次反演时的 RMS 出错率降至很低。

Limit range of model resistivity(限定电阻率的范围)：当选择了这项操作时，将会弹出如图 20.25 所示的对话框。

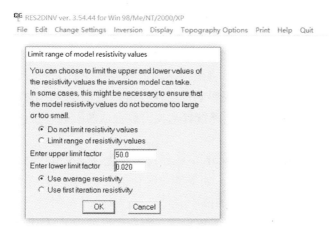

图 20.25　限定电阻率的范围

该操作允许限定电阻率值的范围，反演子程序将会给出这一范围。在上面的例子中，电阻率上限为平均电阻率模型的 20 倍，下限是 2%。

Vertical to horizontal flatness filter ratio(垂直和水平面滤过率)：可以选择垂直面和水平面阻尼系数(fz, fx)的滤过率。默认情况下，两者使用一个相同的阻尼系数。然而，如果剖面图变形在垂直方向拉长了，可以更改程序中的模块使之在垂直方向同样伸长，这就需要在水平面上选择较高的滤过率(例如 2.0)，如果在水平方向拉长了，则选择较小的值(例如 0.5)。

② MESH PARAMETERS 栅格参数。

这一系列操作可以改变模型子程序有限差分和有限元的栅格大小。

Finite mesh grid size(有限栅格大小)：可以用模型子程序选择栅格，在邻近的电极间加上 2 个或 4 个节点。电极距之间有 4 个节点，计算出来的视电阻率将会比较正确(尤其是对差距较大的数据组来说)。

Use finite-element method(运用有限元法):该程序允许使用两种方法,即有限差分法和有限元法来计算视电阻率值。默认情况下,程序会使用有限差分法。

Mesh refinement(网格精细化):该操作允许在运用有限差分法和有限元法中使用更加精细的网格。运用精细的网格能使视电阻率计算更加准确,但这也会增加计算时间和占用的内存。如果电阻率差别大于 20∶1,使用精细的网格会得到比较好的结果。

③ INVERSION PROGRESS 反演程序。

下列操作控制了反演过程中子程序的反演路径。

Line search(线路搜寻):反演程序通过求解公式决定模型参数的变量。通常情况下改变矢量 *d* 会得到 RMS 出错率很低的模型。如果 RMS 出错率升高,将有两种选择:第一种是运用四次差补法运行线路搜寻,找出最合适的阶数来改变电阻率模块。程序会试图减少 RMS 出错率,但是仍然会陷入局部极小中。第二种是忽略这种增长,期盼下次反演会得到较小的出错率。这能跳出局部极小,但是会得到很大的出错率。第三种方法是每次反演中都运用线路搜寻。反演前的估算也很有必要,有时候这能减少反演次数并将出错率降低到可接受的水平。点击适当的图标来选择特殊的设置,该设置仅仅影响前三次反演。通常在头两次中出错率已经有大幅改变,这时程序总是展开线路搜寻来找出最合适的阶数以进一步减小 RMS 出错率。

Percentage change for line search(线路搜寻变化百分比):线路搜寻方法可以估算视电阻率出错率的期望变化。如果期望变化值很小,就没有必要运行线路搜寻了,通常取 0.1%到 1.0%之间的值。

Convergence limit(收敛极限):该设置限制两次反演中 RMS 出错率相对变化的下限。默认情况下,采用的值是 5%。在该程序中使用的是 RMS 出错率相对变化值而不是绝对值,这是为了适应不同数据组的不同噪音值。

RMS convergence limit(RMS 收敛极限):该操作设置了视电阻率数据中 RMS 出错率的下限,当模块产生超出该极限的出错率时就会自动停止,一般该数值介于 2%~5%,视数据质量而定。

Number of iterations(反演次数):该操作允许设定反演次数的最大值,默认是 5,对大多数数据组来说这已经足够了。当反演次数达到该最大值时,将会弹出问话框,选择是否继续反演程序。一般不会超过 10 次。

Model resistivity values check(模型电阻率值核对):如果一次反演中模型电阻率值变得太大(大于最大视电阻率值的 20 倍)或太小(小于最小视电阻率值的 1/20),程序将会提示警告。

④ DATA/DISPLAY SELECTION 数据/显示选择。

在反演过程中预处理数据文件和部分显示的二级操作。一般系统默认,不需要设置,详细说明请参见软件帮助文档。

（4）反演操作。

点击"Inversion（反演）",该程序用来反演由"文件"操作读入的数据组。可以通过反演模型来显示模块的排列,也可以改变控制反演程序的某些参数。选择该操作将会出现如图 20.26 所示的菜单。

图 20.26　最小二乘法数据反演

Least-squares inversion（最小二乘法反演）:这个选项将开始最小二乘法反演程序。将询问操作者存储结果的数据文件的文件名是什么以及拟断面的等值线间距。如果已经选择用户定义的等值线间距选项的话,可以按一下"Q"键来停止反演,并稍等一段时间。

本次实验电阻率数据反演方法即采用最小二乘法,可以显示已完成的反演结果（图 20.27）。其他设置如 Choose logarithm of apparent resistivity（选择视电阻率的对数值）、Jacobian matrix calculation（雅克比矩阵计算）、Type of optimisation method（最优化方法的类型）等一般默认系统设置,当然,也可以根据初步反演结果自行调整参数,以优化、完善最终反演结果,详细说明请参见软件帮助文档。

（5）显示反演结果。

反演数据完成后,选择"Show inversion results（显示反演结果）"选项,如图 20.28 所示。

可以将反演结果导出 XYZ 或 Surfer 格式的数据文件,方便利用其他成图软件进行结果成图,如图 20.29 所示。

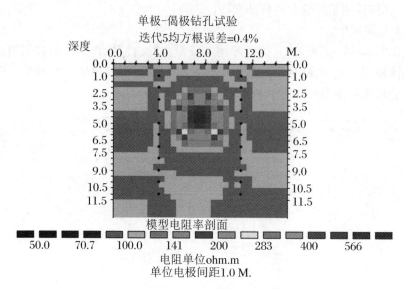

图 20.27 视电阻率反演结果

图 20.28 显示反演结果

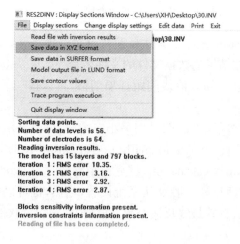

图 20.29 导出数据文件

（6）结果分析。

以某市轨道交通 1 号线建设工程跨孔电阻率 CT 探测成果 SX1Q18XZ134～

SX1Q18XZ138 剖面为例。该剖面中,基岩面在高程－9.79～－7.72 m,钻孔 SX1Q18XZ138 在标高－13.02～－7.72 m 揭露溶洞,根据电阻率 CT 结果,剖面间在高程－14～－7.72 m 处电阻率值较低,且低阻异常区域钻孔 SX1Q18XZ138 相交,低阻异常区发育高程范围在－14～－7.72 m,横向发育约 12 m,电阻率值小于 160 Ω·m,(剖面边界处的高阻区可能与 PVC 管或者反演边界效应相关)与基岩面上部的电阻率值相近,低阻异常区与钻孔实际揭露基本一致,说明探测效果较好,其电阻率值的划分可以代表该场地内的不同岩性的区分依据。两钻孔之间的岩溶区可能有一定的联系。电阻率值在 160 Ω·m 以下的区域可判定为溶洞异常,电阻率反演结果如图 20.30 所示。

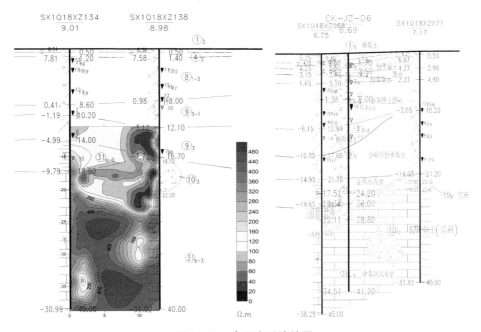

图 20.30　电阻率反演结果

【实验要求及注意事项】

1．实验要求

（1）每个同学都要独立完成某个剖面电法的处理工作。

（2）交流解释成果,编写实验报告。

2．注意事项

（1）每次测量工作前,必须确保各仪器有电,若电池电量不足,要及时充电,以免影响测量工作。出工前需对仪器进行检测,对配套工作的电缆进行自检,以确保主机与电缆都能正常工作。

（2）大线电缆严禁拖拽、碾压。

(3) 使用分布式高密度电缆工作时,直流高压不能高于 800 V,电流不能大于 3 A。

(4) 与仪器配套工作的电缆不能有破损,各插头连接处一定要确保干燥,更不能进水和泥沙。否则轻则导致电缆绝缘过低,影响测量的数据质量;重则烧毁电缆甚至是仪器。

(5) 电流电压模块查找不全或找不到。

电流电压模块查找不全:一般是在复杂的使用环境下,仪器各电压模块未能全部开启,应重启采集器;极少情况下,可能是各模块波特率不一致。

电流电压模块找不到:首先检查有没有打开采集器电源,电池有没有电量,有没有正确连接通信连接线,确保无误后,可重启。若仍然发现不了问题所在,可在通信设置中单独查找、更改波特率。

(6) 数据读取不全或数据错误。

数据读取不全:供电电池电量过低或仪器使用过频繁导致内部温度过高。

数据读取错误:现场使用中,采样和读取数据较快,或者在数据采集过程中进行数据处理。

(7) 每次使用完成后,应检查仪器配件是否齐全,应成套放置,禁止随意调换。

(8) 现场实验时,要注意钻孔内应有足量的钻孔液,以保证电极充分耦合。

(9) 实验结束时,要注意以适当的速度缓慢拉起电缆线,以防电缆线断裂。

【思考题】

(1) 跨孔电阻率 CT 技术与地面物探技术相比有哪些优势与不足?

(2) 跨孔电阻率 CT 的资料处理有何特点?

(3) 用不同的供电方式及测量方式,探测结果有什么特点?

(4) 跨孔电阻率 CT 技术可以解决哪些工程地质问题?

(5) 跨孔电阻率 CT 技术还需要从哪些方面进行改进并发展其优势?

参 考 文 献

[1] 吴燕冈,杜晓娟.应用地球物理教学实习指导[M].北京:地质出版社,2010.

[2] 周熙襄,钟本善.电法勘探数值模拟技术[M].北京:科学技术出版社,1986.

[3] 庄浩.三维电阻率层析成像研究[D].长沙:中南工业大学,1998.

[4] 姚姚.地球物理反演基本理论与应用方法[M].武汉:中国地质大学出版社,2002.

彩　　图

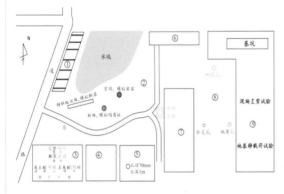

地球科学与工程实训中心功能分区及试验项目
Functional district and test projects of Earth Science and Engineering training center

1 地下管线探测区：共设置七种不同材质、不同深度、不同管径的预埋管，材质包括混凝土和钢材两类，埋深0.8~1.5m，管径0.2~0.6m，运用电法、地质雷达等综合勘探方法测试其物性特征并判定。

2 地球物理模型区：主要采用相似材料建立满足地下空间探测条件和地面探测条件的模拟实验平台（4m×4m×2m），包括小尺度构造、地质隐患。地下空间探测对象运用地球物理探测方法结合地质体结构及异常特点选择方法。仪器设备及测试。

3 桩基检测及复合地基模型区：设置4种不同类型预制桩、分别是完整、缩颈、断裂和扩径。运用反射波法测试不同类型桩的波曲线并对桩身完整性进行判定。复合地基模型区设置友土桩、石灰桩、砂石桩及CFG桩，呈等边三角形布置，实习要求掌握各种复合地基桩体的施工工艺以及加固机理等知识。

4 静动力触探以及十字板剪切试验区：供静力触探（机械式和电动式）、轻便动力触探以及十字板剪切三种试验，试验深度30.0 m以内，熟悉静力触探、轻便动力触探以及十字板剪切试验设备组成、试验方法及要点，掌握其成果特点及应用。

5 旁压试验区：施工孔深1.0m，孔径70mm钻孔，供旁压现场操作，熟悉旁压试验设备组成，试验方法及试验要点，掌握其成果特点及应用。

6 边坡加固治理试验区：利用基坑开挖土方，堆置高3m宽5m土堆，坡角50°，布置边坡治理项目，如抗滑桩、锚杆、锚索以及格栅等支护措施。

7 钻机平台区：布置工程勘察、水文钻探，并配ZDY4200型液压钻机1套，熟悉钻机设备组成，施工方法及工序等，了解钻探的作用及技术要求。

8 勘探孔综合试验区：共设地质孔、水文孔以及物探孔，呈品字形分布，孔间距10m，其中物探孔深50m，运用测井、波速测试等方法进行孔内及孔底测试，对地层结构、厚度。地基土动力学参数进行确定。水文孔孔深100m，并配有水观测孔，以及钻孔综合水文地质柱状图。熟悉水文孔孔深，作用等，掌握下水位、水温量测以及水样采集等技能。地质孔深50m，并配有钻孔柱状图及完整岩芯。熟悉钻孔功能，了解钻探方法，岩芯描述等，掌握方法。

9 地基与基础现场检验区：主要设置静载荷试验、现场直剪试验以及基坑开挖土层剖面描述。现场静载荷试验区分平板和螺旋板两种。熟悉静载荷试验设备组成，试验方法及要点，掌握载荷试验成果整理及应用；现场直剪可对原位土体进行原位直剪试验。熟悉直剪仪设备组成，试验方法及试验要点，掌握直剪试验成果特点及应用；基坑开挖土层剖面，基坑边坡监测以及要求掌握对开挖土层剖面描述。基坑边坡变形监测数据分析等知识。

说明：
1 地下管线探测区
Underground pipeline detection area

2 地球物理模型区
Geophysical model area

3 桩基检测及复合地基模型区
Pile foundation monitoring and composite foundation model area

4 动、静触探及十字板剪切试验区
Dynamic-static penetration test and vane shear test area

5 旁压试验区
Pressuremeter test area

6 边坡加固治理试验区
Slope strengthening and controlling area

7 钻机平台区
Drilling platforms area

8 勘探孔综合试验区
Comprehensive test area of exploratory borehole

9 地基与基础现场检验区
Field test area of foundation